Von Okapi, Scharnierschildkröte und Schnilch

Von Okapi, Scharnierschildkröte und Schnilch

Ein prekäres Bestiarium

von **Heiko Werning & Ulrike Sterblich**

mit Beiträgen von **Björn Encke**
und Gastbeiträgen von
Kathrin Passig und Lisbet Siebert-Lang

Galiani Berlin

1. Auflage 2022

Verlag Galiani Berlin
© 2022, Verlag Kiepenheuer & Witsch, Köln
Alle Rechte vorbehalten
Covergestaltung und Illustrationen Manja Hellpap
und Lisa Neuhalfen, Berlin
Lektorat Wolfgang Hörner
Gesetzt aus der Adobe Caslon Pro und der Brandon Grotesque
Satz Buch-Werkstatt GmbH, Bad Aibling
Druck und Bindung CPI books GmbH, Leck
ISBN 978-3-86971-255-0

Weitere Informationen zu unserem Programm
finden Sie unter *www.galiani.de*

Inhalt

Anhang

Der Beutelwolf – So etwas wie eine Einleitung in das *Prekäre Bestiarium*

So könnte man es natürlich auch machen: Im Jahr 2017 war es einem Forschungsteam rund um Andrew J. Pask von der Universität Melbourne gelungen, das komplette Genom eines in Alkohol konservierten Beutelwolf-Embryos zu entschlüsseln. Die Grundlage dafür, um dieses Tier von den Toten aufzuerwecken. Also, nicht den Embryo persönlich. Sondern seine Art. Mithilfe der DNA, die nun nur noch geklont, in die entkernte Eizelle einer nahe verwandten Art eingepflanzt, geboren, in irgendeinen künstlichen Beutel gepackt und dann großgezogen werden müsste. Einziger Nachteil: Kein Mensch weiß, ob das jemals gelingen wird.

Der Beutelwolf, auch bekannt als Tasmanischer Tiger, ist im 20. Jahrhundert ausgestorben. Wobei *Ausgestorben* eigentlich kein besonders treffender Terminus ist. *Aussterben* kann schon mal vorkommen. Wenn ein Komet auf die Erde trifft, beispielsweise. Weshalb bekanntlich vor 65 Millionen Jahren ein großer Teil der Dinosaurier ausgestorben ist (dass eine kleine Gruppe gefiederter Saurier dem Massen-Exitus entkommen ist und deren Nachkommen uns heute mit Gesang, Eiern und zugekoteten Stadtplätzen erfreuen, ist inzwischen ja hinlänglich bekannt). Es hat eine Weile gedauert, bis die Ökosysteme der Erde sich von diesem Schlag wieder einigermaßen erholt und eine neue blühende Artenvielfalt hervorgebracht haben, aber auch in dieser wird immer mal wieder ausgestorben. Alle paar Jahre scheidet einer von vielen Millionen Playern im großen Spiel des Lebens auf ganz natürliche Weise aus. Weil andere einfach besser waren als er und ihn nach und nach verdrängt haben. Das ist ein bisschen so, als wenn man beim *Mensch, ärgere dich nicht* so richtig Pech hat. Schwupps, ist man raus. Eine Art kann auch verschwinden, weil sie sich weiterentwickelt und die alte, weniger vorteilhafte Form dann mit der Zeit verschwindet. Das ist das natürliche Hintergrundrauschen der Evolution.

Der Beutelwolf aber ist nicht einfach so ausgestorben. Er wurde *ausgerottet*. Vom Menschen.

Als die Vorfahren der Aborigines vor etwa 50 000 Jahren nach Australien kamen, waren Beutelwölfe dort noch weit verbreitet. Heute herrscht ja oft das Bild von edlen Ureinwohnern, die in Einklang mit der Natur, den Ahnen, den Mondphasen und ihren Totemtieren leben, aber die Wahrheit ist wohl eher, dass der Mensch schon immer eine Schneise der Verwüstung über den Planeten gezogen hat, wo immer er auftrat. Jedenfalls kam er nach Australien, brachte später auch seine Hunde mit, die dann als Dingos Karriere machen sollten, und schließlich war der Beutelwolf verschwunden. Man vermutet heute, dass die Dingos die Hauptursache dafür waren, denn diese wilden Hunde leben im Wesentlichen wie der Beutelwolf und machen im Ökosystem all die typischen Beutelwolf-Dinge – nur effektiver. Vor etwa 3 000 Jahren gab es jedenfalls auf dem australischen Festland keine Beutelwölfe mehr, sehr wohl aber noch auf der bis dahin dingofreien Insel Tasmanien.

Dort hielt der Beutelwolf es noch ziemlich lange aus. Als die ersten Briten Anfang des 19. Jahrhunderts auf Tasmanien anlandeten, war dieser Raubbeutler noch weit verbreitet und häufig. Die Europäer machten sich an die Arbeit und rotteten zunächst die menschlichen tasmanischen Ureinwohner aus. Als das 1865 vollbracht war, lebten immer noch Beutelwölfe auf der Insel. Allerdings war auch ihr Bestand schon stark reduziert, denn die Siedler hatten Schafe mitgebracht und waren nun der festen Überzeugung, die Beutelwölfe würden diese in einem fort reißen und somit gewaltige wirtschaftliche Schäden anrichten. Kommt einem ziemlich bekannt vor, diese Geschichte, seit Wölfe auch wieder durch Deutschland ziehen und uns inzwischen an die zweitausend Schafe jährlich mopsen, sodass nur noch 1 998 000 der zum Schlachten gezüchteten Wolltiere für uns übrigbleiben. Was bereits zu wütenden Forderungen führt, der Wolf müsse schleunigst wieder abgeschossen werden.

Der Beutelwolf sieht unserem Wolf ziemlich ähnlich. Abgesehen von seinem Hinterteil, das gestreift ist wie ein Tiger (und das ihm seinen Alternativnamen eingebracht hat). Ansonsten ginge so ein Beutelwolf optisch problemlos als neue, stylische Hunderasse durch. Jedenfalls solange man nicht sieht, wie er sich vermehrt. Denn der Beutelwolf war, man ahnt es bei dem Namen schon, ein waschechtes Beuteltier, also deutlich näher mit dem Känguru oder dem putzigen Koalabären (der ja auch kein Bär ist) verwandt als mit dem Wolf. Seine bis zu vier Jungen waren bei der Geburt nackt und winzig und mussten erst einmal drei Monate im unter dem Bauch befindlichen Beutel der Mutter Milch säugen und heranwachsen.

Die in vielen anderen Aspekten ausgeprägte Ähnlichkeit zum Wolf ist ein schönes Beispiel dafür, wie ganz unterschiedliche Tiere bei ähnlichen Umweltbedingungen dieselben Anpassungsstrategien und manchmal sogar dasselbe Aussehen entwickeln. Beim Beutelwolf war diese Ähnlichkeit allerdings evolutiv am Ende eindeutig ein Nachteil. Denn er sah zwar aus wie ein Wolf, ernährte sich aber bevorzugt von Geflügel und diversen Kleinsäugern. Seine Beißkraft reichte gar nicht aus, um Schafe zu töten. Die von den Siedlern beklagten Risse gingen wohl auf verwilderte Hunde zurück, was sie aber nicht daran hinderte, dem vermeintlichen Übeltäter Beutelwolf unerbittlich nachzustellen. Die tasmanische Regierung setzte 1830 sogar ein Kopfgeld aus: Ein Pfund gab es pro erlegtem Thylacine, wie die Tiere in ihrer Heimat heißen, zehn Schillinge für einen Welpen.

Hundert Jahre später war es vorbei. 1930 erschoss der Farmer Wilf Batty den letzten verbürgten, freilebenden Beutelwolf und posierte noch stolz mit ihm auf einem Foto. Einige weitere Exemplare lebten noch vereinzelt in Zoos. Dort starb das letzte Tier, Benjamin, in der Nacht vom 6. auf den 7. September 1936, in Hobart, der Hauptstadt Tasmaniens. Genau 59 Tage, nachdem die tasmanische Regierung sich durchgerungen hatte, die Art unter Schutz zu stellen.

In den folgenden Jahrzehnten wurde der Beutelwolf zu einer Art Nessie des australischen Buschlands. Immer wieder gab es mehr oder weniger glaubwürdige Sichtungen des zunehmend mystischen Tiers, die alle eines gemeinsam hatten: Sie konnten nie sicher bestätigt werden. Bis heute sucht eine unbeirrte Community nach dem verschollenen

Thylacine, lässt Kotproben analysieren, stellt Kamerafallen auf, wertet unscharfe Fotos von irgendwas aus und schafft es immer mal wieder in die Zeitungen mit angeblichen Wiederentdeckungsmeldungen.

Das Schicksal des Beutelwolfs berührt die Menschen, wohl weil er ein charismatisches, tatsächlich einzigartiges Tier war, dessen brutale Ausrottung anders als bei vielen Schicksalsgenossen sehr anschaulich verlief – und gut sichtbare Spuren hinterließ. Es gibt sogar noch Filmaufnahmen der Tiere. 2021 veröffentlichte das *National Film and Sound Archive of Australia* einen kolorierten Filmschnipsel von Benjamin, dem Letzten seiner Art, wie er durch seinen Käfig im Zoo streift. Das lässt uns sehr direkt fühlen, was wir verloren haben. Und ahnen, dass wir es hätten verhindern können – nein: müssen. Die heutigen Überlegungen, den Beutelwolf durch Klonen mit immensem Aufwand wieder auferstehen zu lassen, zeugen von einem andauernden schlechten Gewissen.

Leider ist der Beutelwolf kein Einzelfall. Der Mensch war wohl schon beteiligt am Exitus von prähistorischen Tieren wie dem Mammut, aber mit dem Beginn der Neuzeit stieg die Zahl seiner Opfer beständig. Prominente Beispiele dieser Epoche sind der Dodo, der Riesenalk oder die Stellersche Seekuh. Mit dem Beginn der Industrialisierung und dem Wachstum der Weltbevölkerung wurden es immer mehr. Was Exponentialkurven bedeuten, haben wir während der Corona-Krise ja gelernt. Im Fall des Artensterbens prognostizierte der Weltbiodiversitätsrat der Vereinten Nationen (IPBES) 2019, dass rund eine Million Arten (Pflanzen jetzt immer mitgemeint) in den »kommenden Jahrzehnten« von der Ausrottung bedroht sind. Längst schon ist der Begriff des sechsten Massenaussterbens wissenschaftlich akzeptiert. Wir sind also bereits mittendrin in einer der großen Aussterbewellen der Erdgeschichte; bei der davor hat es die Dinosaurier erwischt (nach vier Vorgänger-Ereignissen, die noch eher weniger blockbustertaugliche Einzeller, Würmer, Kerb-, Krebs- und Krabbeltiere betroffen hatten). Allerdings sind diesmal weder Kometeneinschläge noch Vulkanausbrüche verantwortlich, sondern der Mensch. Dumm nur für uns: Die Wahrscheinlichkeit ist ziemlich groß, dass wir dann auch bald dran sind, denn der Zusammenbruch der Ökosysteme würde auch unser Schicksal besiegeln. Weshalb die Biodiversitätskrise neben der Klimakrise als größte Bedrohung der Menschheit gilt.

Es gibt aber noch andere Gründe, warum wir uns bemühen sollten, so viele Arten wie möglich vor dem finalen Verschwinden zu bewahren. Etwa, weil wir keinen Schimmer haben, welcher Nutzen sich für uns noch hinter der schrumpeligsten braunen Kröte oder der blindesten Höhlenassel verbergen könnte. Wer hätte vor 200 Jahren gedacht, dass ein eher eklig wirkender Pinselschimmelpilz uns einmal einen Penicillin genannten Stoff schenken und Abermillionen von Leben retten würde? Die Ausrottung von Arten zu verhindern, gebietet also bereits die reine ökonomische Vernunft, wenn man schon sonst kein Gefühl für ihren Wert hat.

Viele Menschen aber haben genau dieses Wertegefühl durchaus, aus religiösen oder ethischen Gründen oder einfach nur so. Wie eben beim Beutelwolf. Sie spüren, dass diese Tiere schlicht nicht für immer verschwinden sollten. Weil wir sie sehen, weil wir sie unter uns wissen wollen. Wer wäre nicht entzückt, heute noch irgendwo, und sei es ausschließlich im Zoo, einen Dodo betrachten zu können? Gut, zugegeben, beim *Tyrannosaurus* gibt es geteilte Meinungen.

Darüber, dass die massenhafte Ausrottung von Arten verhindert werden sollte, herrscht weitgehend Einigkeit. Nur leider folgt daraus bislang nicht viel. Jedenfalls nicht viel Wirksames. Eine Spezies nach der anderen verschwindet, im immer höheren Tempo – Exponentialkurven eben. Die durch den Menschen verursachte Aussterberate liegt, je nach Modell und betrachteter Organismengruppe, um den Faktor 100 bis 10 000 über dem »evolutiven Grundrauschen«. Seit dem Jahr 1600 wurden um die 500 Tier- und 700 Pflanzenarten wissenschaftlich als ausgerottet registriert, und die dürften nur den bedeutend kleineren Teil der tatsächlichen Opfer ausmachen, denn bei vielen weniger auffälligen Arten (denken Sie nur mal an Milben, Käfer und Moose) haben wir bislang nicht einmal von ihrer Existenz erfahren, geschweige denn davon, dass diese Existenz durch unser Wirken schon wieder beendet wurde.

Für viele Arten besteht die einzige Hoffnung auf Überleben derzeit darin, dass sie in menschlicher Obhut durch gezielte Zuchtprogramme erhalten werden. Aus dem einfachen Grund, dass es unmöglich sein wird, die Ausrottung in der Natur noch zu verhindern, selbst wenn umgehend strikte Maßnahmen eingeleitet würden – wonach es unglücklicherweise bislang zudem nicht einmal ansatzweise aussieht. Noch geht die Abholzung von Wäldern, das Trockenlegen von Mooren, die Ausbreitung der Wüsten nicht nur ungebremst, sondern sich in hohem Tempo beschleunigend weiter. Umweltgifte, eingeschleppte Invasoren und

Krankheiten fordern zunehmend Opfer. Der Klimawandel schreitet immer schneller voran und wird in den nächsten Jahrzehnten abertausende von Arten vernichten, und wir können in der Natur nichts mehr dagegen tun. Selbst wenn wir sofort auf Klimaneutralität umschalten würden – was wir leider nicht tun werden –, wäre der »Bremsweg« viel zu lang, um ihre klimabedingte Ausrottung noch zu verhindern. 2016 machte die Bramble-Cay-Mosaikschwanzratte den Anfang. Das kleine Nagetier lebte ausschließlich auf der nur wenige hundert Meter messenden Insel Bramble Cay vor der australischen Küste im Norden des Great Barrier Reefs. Durch den Anstieg des Meeresspiegels in der Torres-Straße und eine verstärkte Zyklon-Aktivität ist ihr Lebensraum zerstört worden. Die kleine Ratte gilt damit als erstes Säugetier, das vom menschgemachten Klimawandel ausgerottet wurde. Es wird nicht das letzte bleiben. Was uns da noch bevorsteht, lässt ein Blick vor die Küste von Bramble Cay ahnen. Der Weltklimarat schätzt, dass bereits bei einer Erderwärmung von 1,5 Grad gegenüber der vorindustriellen Zeit 70 bis 90 Prozent der tropischen Korallenriffe absterben werden. Und niemand glaubt noch, dass es gelingen könnte, die Erderwärmung bei 1,5 Grad zu begrenzen. Was das allein für die als artenreichster Lebensraum der Welt geltenden Korallenriffe bedeutet, kann man sich leicht ausmalen.

Haben wir also schon verloren? Nein! Um beim Beispiel der Korallenriffe zu bleiben: Forscher basteln an vielversprechenden Ansätzen zum Aufbau künstlicher Riffe und der Aufzucht von wärmetoleranteren Korallenarten, mit deren Hilfe man neue Riff-Lebensräume schaffen könnte. Eine

Voraussetzung dafür wäre natürlich, die globale Temperaturerhöhung noch auf einem möglichst niedrigen Wert zu stoppen. Tja, und dann wäre es halt schön, wenn es noch Tiere gäbe, die man dort ansiedeln könnte.

Genau hier aber liegt das Problem. Viele Arten werden ausgerottet sein, ehe eine Rettung in der Natur möglich sein wird. Das lässt sich gar nicht mehr verhindern, egal wie engagiert wir jetzt plötzlich Natur- und Klimaschutz da draußen, also *in situ*, betreiben würden. Weil natürliche Prozesse nicht von heute auf morgen umkehrbar sind, und weil bei vielen Arten die Zahl der Individuen bereits so stark reduziert ist, dass die Population unter natürlichen Bedingungen keine Chance mehr hat, sich zu erholen – sie sind »funktional ausgestorben«. Zumindest in freier Natur.

Die einzige Rettung für viele Arten wird deshalb darin bestehen, ihnen Asyl in menschlicher Obhut zu gewähren, also *ex situ*. Solange, bis sie draußen wieder eine Chance haben. Dafür benötigen wir Zoos. Und weil die Ausrottungsraten so schnell ansteigen, bräuchten wir viel mehr Tierhaltungskapazitäten, um wenigstens einen Teil, eine Auswahl besonders bedeutsamer Arten noch zu retten. Anders als beim Beutelwolf vor hundert Jahren haben wir heute in vielen Fällen das Wissen und die Möglichkeiten, bedrohte Tierarten *ex situ* dauerhaft zu erhalten. Und zwar so zu erhalten, dass man sie in fünfzig, hundert oder zweihundert Jahren in den dann hoffentlich restaurierten und wieder funktionierenden Lebensräumen neu oder zur Unterstützung noch lebender Restbestände ansiedeln könnte. Beispiele dafür gibt es inzwischen viele. Wir stellen in diesem Buch eine ganze Reihe davon mitsamt ihren teils unglaublichen, abenteuerlichen, traurigen, lustigen oder skurrilen Geschichten vor.

Bei anderen Arten dagegen sind noch viele Fragen offen. Wir wissen schlicht noch nicht genug über sie. Dieses für ihre Erhaltung sowohl *in situ* als auch *ex situ* unbedingt notwendige Wissen zu sammeln, ist eine weitere Aufgabe, der wir uns stellen müssen. Und zwar rechtzeitig. Auch darüber sprechen wir in diesem Buch.

Woran es im Moment vor allem mangelt, sind Kapazitäten, um viel mehr Arten einen sicheren Unterschlupf bieten zu können. Die bestehenden Zoos sind diesbezüglich längst überlastet. Sie bräuchten erheblich mehr Ressourcen: mehr Geld, mehr Platz, mehr Personal. Wir würden uns sehr wünschen, dass die Mittel dafür von staatlicher Seite zur Verfügung gestellt werden. Aber seien wir ehrlich: Danach sieht es im Moment nicht gerade aus. Jedenfalls nicht in dem Umfang, der erforderlich wäre.

Aber Zoos sind nicht die Einzigen, die sich mit Tieren auskennen. Eine Vielzahl von privaten Enthusiasten beschäftigt sich hingebungsvoll mit der Haltung und Zucht zahlreicher Tierarten. Naturgemäß eher weniger mit Elefanten und Giraffen, sondern dafür mit kleinen Fröschen, Fischen und Finken. Oder Geckos, Asseln und Spinnen. Wo die Liebe eben so hinfällt.

Das Projekt *Citizen Conservation* wurde vom Berliner Verein *Frogs & Friends*, einer Art PR-Agentur für Amphibien, dem *Verband der Zoologischen Gärten* (VdZ) sowie der *Deutschen Gesellschaft für Herpetologie und Terrarienkunde* (DGHT) gegründet. Es verfolgt das Ziel, möglichst viele Erhaltungszuchten in menschlicher Obhut aufzubauen, indem die Kapazitäten, das Wissen und die Instrumente von Zoos und Privathaltern zusammengeführt werden. Denn gerade was kleinere, unscheinbarere oder weniger populäre Arten angeht, verfügen private Tierhalter über einen unschätzbar wertvollen Wissensfundus, jahrzehntelange Praxis und vor allem: sehr viel Zeit und Engagement. Der moderne Artenschutz kann es sich nicht erlauben, auf diese Ressourcen zu verzichten, will er dem galoppierenden Sterben etwas entgegensetzen. Bislang fehlt es aber an jeder Koordination und Anleitung dieser über das ganze Land verstreuten, privaten Tierhalterinnen. Das will *Citizen Conservation* ändern. Um Institutionen wie Zoos, Museen und andere Einrichtungen mit sachkundigen privaten Enthusiastinnen und Engagierten zusammenzubringen, damit sie gemeinsam einen mess- und zählbaren Anteil im Kampf gegen das Artensterben leisten.

Citizen Conservation wurde 2018 gegründet. 2020 wollten wir das Projekt durch eine Kampagne in den Zoos einer breiteren Öffentlichkeit vorstellen. Dann kam ein Virus dazwischen, das dazu führte, dass eine breitere Öffentlichkeit in Zoos keinen Einlass mehr fand. Daher sind wir auf die Idee gekommen, kleine Geschichten über wundersame Tiere zu schreiben, die alle eines gemeinsam haben: Sie drohen, in den nächsten Jahren auszusterben, wenn sie nicht durch ein beherztes Ex-situ-Zuchtprogramm gerettet werden. Oder sie wurden bereits durch die Haltung in menschlicher Obhut gerettet und können heute daher wieder in freier Natur umherstreifen oder -fliegen (und ein paar Sonderfälle haben wir auch vorgestellt). Wir haben eine Reihe von Musikerinnen, Schriftstellern, Schauspielerinnen und

Kabarettisten gebeten, unsere Texte einzulesen – und uns sehr darüber gefreut, dass sie unserer Bitte entsprochen haben, obwohl wir keinerlei Honorar anbieten konnten. So entstand der *Kreaturen-Podcast*, den wir 2020 und 2021 in zwei Staffeln à zwölf Folgen kostenfrei auf allen relevanten Internetplattformen angeboten haben. Diese Texte sowie die der beiden nächsten Staffeln, die ab 2022 veröffentlicht werden, sind in diesem Buch in überarbeiteter Form versammelt. Zum Nachlesen und Staunen, zum Mitbangen und Freuen. Die Autorenhonorare fließen vollständig an *Citizen Conservation*, und besonders schön ist es, dass der Verlag *Galiani Berlin* noch mal einen halben Euro pro verkauftem Buch obendrauf legt. Also: Macht das *Prekäre Bestiarium* zum Bestseller! Auf dass viele weitere wundersame Tiere vor dem Verschwinden bewahrt werden!

Die Kenntnis, dass viele Tierarten nur durch Ex-situ-Erhaltungszucht gerettet werden konnten, ist nicht weit verbreitet. Die Erkenntnis, dass sie für noch viel mehr Arten die einzige Überlebenschance darstellt, noch viel weniger. Stattdessen wird gefragt, was es denn nütze, wenn eine Art nicht mehr in der Natur, sondern nur noch hinter Glas lebe? Wir antworten darauf stets, dass es darum geht, Optionen für die Zukunft zu erhalten. Die Option etwa, später einmal Arten in wiederhergestellten oder gesicherten Lebensräumen neu anzusiedeln. Ob das möglich sein wird, muss sich zeigen. Ist die Art erst einmal verschwunden, gibt es diese Option jedenfalls nicht mehr. Und ob das Zusammenklonen einst ausgestorbener Arten wirklich eine Alternative sein wird, ist mindestens ungewiss.

Zum anderen erzählen diese Tiere uns ihre Geschichten.

Geschichten, wie wir sie nun aufgeschrieben haben. Geschichten, die zeigen, was für eine fast unglaubliche Vielfalt möglicher Lebensformen und -weisen es auf der Welt gibt; und Geschichten, die letztlich davon berichten, dass wir nicht allein sind auf der Welt – und dass wir vor allem auch gar nicht allein sein könnten. Die Biodiversität ist so etwas wie das Immunsystem des Planeten. Ohne seinen Schutz können auch wir nicht überleben. Um es zu schützen, müssen wir uns grundlegend ändern. Man könnte auch sagen: Einzelne Arten können durch Haltung gerettet werden, der Mensch aber nur durch eine neue Haltung.

Und schließlich ist der Erhalt einer Art auch als reiner Selbstzweck sinnvoll und lohnend. Wäre die Welt nicht einfach ein kleines bisschen besser, wenn wir die Möglichkeit hätten, wenigstens im Zoo auch heute noch den Beutelwolf sehen zu können? Also, wir jedenfalls finden: Doch, doch!

Alfreds Prachtgurami

Ach, dieses Macho-Gehabe! Da kann man gendern, was das Zeug hält, Sternchen oder Binnen-Is setzen, wie man mag, oder, so wie wir in diesem Buch, mal das generische Maskulinum mit dem generischen Femininum lustig hin und her wechseln lassen, und dann pfeift halt doch wieder der nächste Typ hemmungslos einer vorbeigehenden Frau hinterher und macht auf dicke Hose. Der Mensch neigt trotz tausender Jahre Zivilisationsgeschichte immer noch zum Gockelhaften, um nicht zu sagen: zum Prachtgurami-haften.

Bei Alfreds Prachtgurami jedenfalls wird noch gänzlich vom Feminismus unverdorben geworben, gebalzt und geposed. Mit Saisonbeginn suchen sich die Männchen der mit etwa 3,5 Zentimetern Länge winzigen Fischlein eine möglichst schicke Bleibe, also beispielsweise eine Höhle, die durch Falllaub gebildet wird, oder einen Hohlraum unter einer Wurzel. Wären sie Menschen, stellten sie sich jetzt wohl breitbeinig vor ihren Angeberschuppen. Weil sie aber Fische sind, machen sie es eben breitflossig. Dabei hilft ihnen eine anatomische Besonderheit. Ihre Rücken- und Afterflossen sind auffällig lang, weisen ungewöhnlich viele Knochenstrahlen auf und können bei Erregung aufgespreizt werden.

So ein Fischkerl ist dann ganz Flosse. Es entsteht der Eindruck, als würde sein Körper vollständig von einem breiten Flossensaum umlaufen, die Gestalt wandelt sich vom länglichen Fischlein zu einem Fisch wie ein Schrank. Zumindest wenn man, wie das Weibchen es tut, von der Seite guckt. Gleichzeitig fährt das Männchen bei seiner Färbung die Kontraste hoch, als hätte jemand bei Photoshop den Regler ganz nach rechts gezogen. Plötzlich zeigt es breite, gelblich weiße und bläuliche Längsstreifen, die sich scharf vom tiefschwarzen Grund abheben. Irisierende Elemente sorgen für eine atmosphärisch stimmige Lightshow, und um den Flossensaum zieht sich eine hellbläuliche Linie, um die spektakulären Ausmaße der Superflosse (immerhin mehrere Millimeter!) zu betonen. Um noch eins draufzusetzen, erscheint plötzlich ein senkrechter schwarzer Balken im Auge. »Sexy Eyes« nennen Fischfachleute dieses Phänomen allen Ernstes. Nun ja, im Grunde können wir das Analogon dazu in Form von Sonnenbrillen in jedem Hiphop-Video bestaunen.

Ebenfalls ähnlich wie im Hiphop fängt das Männchen jetzt an, seltsame Zuckungen vorzuführen. Es neigt den Kopf um mehr als 45 Grad nach unten und zittert mit dem ganzen Körper. Dabei geht es natürlich wie immer darum, die Bitch zu sich nach Hause zu locken. Über alles Weitere wollen wir hier mal diskret hinweggehen, denn was in den eigenen vier Höhlenwänden passiert, ist ja letztlich Privatsache. Wir sagen nur so viel: Umschlingungen! Scheinpaarungen! Laichstarre! Senkeier! Schaumnest! Den Rest überlassen wir Ihrer Fantasie. Am Ende kleben dann jedenfalls befruchtete Eier an der Wand. Im Grunde also alles wie beim Menschen.

Aber jetzt kommt es zu einer überraschenden Wendung. »Danach« verlässt das Weibchen die Höhle, den Macker und die Brut. Das Männchen kümmert sich von nun an aufopferungsvoll um die Eier, fächert ihnen beständig frisches Wasser zu und betüddelt anschließend auch noch die Babys. Wir müssen unser Urteil zum Rollenverständnis bei Fisch und Mensch vielleicht noch einmal überdenken.

Diese ganzen faszinierenden Verhaltensabläufe kann man im Aquarium gut beobachten. Wie es aussieht, allerdings wohl auch nur noch dort. Denn in freier Natur scheint Alfreds Prachtgurami seit ein paar Jahren ausgerottet zu sein. 2005 wurde er überhaupt erstmals wissenschaftlich beschrieben, Fundort war ein einziger Bachabschnitt im Torfmoorwald Westmalaysias. Ein womöglich letzter Nachweis gelang dort 2016, doch als Fischfreunde später zurückkehrten, fanden sie statt eines Schwarzwasser-Urwaldbaches nur noch einen zugeschlammten Wasserlauf inmitten von Palmölplantagen.

Prachtguramis bilden eine Gruppe von etwa 20 hochspezialisierten Arten, die sich an die extremen Bedingungen in Torfmoorwäldern angepasst haben. Wie bei uns entstehen auch in Südostasien Moore in wassergesättigter Umgebung, in der mehr pflanzliches Material anfällt als abgebaut werden kann. Anders als bei uns werden sie in Südostasien von Wald bestanden. Dessen reichliche Pflanzenreste bilden das Torf, und weil halt immer mehr dazukommt, wächst das Moor beständig in die Höhe – bis zu 20 Meter hohe Torfschichten sind möglich. Das halb verrottete organische Material bildet Huminsäuren, die für ein stark saures Milieu sorgen, was Mikroorganismen hemmt und somit dafür sorgt, dass Laub und Äste noch langsamer abgebaut werden. Torfmoorwälder speichern wie ein gigantischer Schwamm Wasser und organisches Material, also Kohlenstoff. Und die Prachtguramis, die dort leben, schwimmen im Grunde in Säure herum.

Unglücklichweise aber gedeihen dort, wo Torfmoorwälder wachsen, auch Ölpalmplantagen besonders gut. Der internationale Markt für Palmöl ist in den vergangenen Jahrzehnten geradezu explodiert. Praktisch überall findet es Verwendung, von Biodiesel über Waschmittel bis zu Margarine und Nutella. Um Platz für neue Ölpalmplantagen zu schaffen, werden großflächig Torfmoorwälder gerodet und entwässert. Das ist zum einen natürlich für die zahlreichen Arten ein Problem, die in diesen Wäldern leben – unter ihnen als echter Promi der Orang-Utan. Zum anderen schadet diese Entwicklung dem globalen Klima, denn trockene Torfböden zählen weltweit zu den Hauptquellen für Treibhausgase, während nasse Torfböden der Atmosphäre Treibhausgabe entziehen. Torfbrände, die in trockengelegten Mooren schnell katastrophale Ausmaße annehmen, bedrohen überdies Leib und Leben der Menschen in Südostasien und führen zu Destabilisierung und Massenflucht aus ganzen Landstrichen.

Mit der Abholzung ändern sich natürlich auch die Bedingungen in den Bächen: Besonnung, Wasserchemie, Strömungsverhältnisse – nichts ist mehr so, wie es war. Alfreds Prachtgurami aber hat sich nun einmal an die speziellen Umweltbedingungen angepasst, die sein guter, alter Torfmoorwaldbach ihm über Jahrtausende geboten hat. Nun ist er verschwunden.

Aber noch nicht endgültig. Denn Aquarienfreunde haben ein Herz auch für die kleinsten Fischlein. So sind in den letzten Jahren immer mal wieder Prachtguramis über den Zierfischhandel exportiert oder von Hobby-Enthusiasten selbst gefangen und mitgebracht worden. Zum großen Durchbruch als Aquarienstars haben sie es nie gebracht, dafür sind ihre Anforderungen an die Wasserwerte zu speziell. Dennoch gelingt engagierten Spezialisten ihre Nachzucht regelmäßig. Als klar wurde, wie dramatisch sich die Lage für die meisten der etwa 20 Prachtgurami-Arten entwickelt, haben diese sich unter dem Namen *The Parosphromenus Project* zusammengetan. Das kann sich zwar niemand merken oder auch nur aussprechen, ehrt dafür aber den wissenschaftlichen Namen der Gattung. Die Fischfreaks von *The Parosphromenus Project* schätzen, dass heute noch um die 50 Exemplare von Alfreds Prachtgurami in Aquarien herumschwimmen – das wäre dann nach aktueller Kenntnis der gesamte Weltbestand. Sie versuchen, die Art durch den Austausch von Fischen untereinander zu erhalten – und hoffen darauf, dass vielleicht doch noch in irgendeinem Torfmoorwaldbach eine Population überlebt hat. In der Zwischenzeit können Schulen, Museen und Zoos mit Alfreds und anderen Prachtguramis Werbung für den Erhalt der Torfmoorwälder und damit für den weltweiten Klimaschutz machen, ohne dass zu diesem Zweck gleich ein Orang-Utan engagiert werden müsste. Kleinheit kann eben auch durchaus praktisch sein.

Und jetzt ganz zum Schluss können wir es ja verraten: Den Namen *Alfreds Prachtgurami* haben wir uns schlicht ausgedacht. Etwas so Triviales wie einen Trivialnamen hat

Parosphromenus alfredi bislang gar nicht nötig gehabt. Trotzdem wollen wir inbrünstig rufen: Lang lebe Alfreds Prachtgurami! Und wenn es ihn vielleicht auch wirklich nur noch in unseren Aquarien gibt, so mögen doch wenigstens seine Verwandten in den Torfmoorwäldern Südostasiens in Zukunft weiter durch ihre Säure-Bäche schwimmen können – zum Wohle der Biodiversität und des Weltklimas.

Der Amerikanische Totengräber

Gestorben wird ja schließlich immer. Deswegen gilt das Bestattungsgewerbe als besonders krisensicher. Aber von wegen.

Einer der Branchenriesen war der Amerikanische Totengräber. Dieser bis 3,5 Zentimeter große Käfer hatte ein riesiges Verbreitungsgebiet im Osten und Mittleren Westen Nordamerikas. Er ist nicht besonders wählerisch bei der Frage, wo er sich herumtreibt, und galt als eines der häufigsten Insekten des Kontinents. Heute ist er von der Ausrottung bedroht. Was ist passiert?

Der Amerikanische Totengräber sieht überraschend farbenfroh aus für jemanden seiner Profession. Auf schwarzem Grund prangen je zwei große, knallig orangefarbene Flecken auf den Flügeldecken, ein ebensolcher auf dem Brustpanzer und dazu noch zwei orange Markierungen auf dem Kopf. Vornehm geht die Welt zu Grabe.

Aber das schicke Outfit kann nicht über seine düsteren Gewohnheiten hinwegtäuschen, die sich auch ziemlich gut für Horrorgeschichten eignen würden, mit Zombies und Totessern und allem. Denn der Totengräber macht seinem Namen alle Ehre. Unterwegs ist er standesgemäß in der Nacht. Dann fliegt er umher auf der Suche nach einem schönen, frischen Todesfall von Mäuse- bis Taubengröße. An den Fühlern der Käfer sitzen chemische Detektoren, mit denen sie Leichengeruch oft binnen nur einer Stunde nach Exitus zielsicher über eine Entfernung von mehr als drei Kilometern aufspüren. Und dieser ganz besondere Duft macht sie richtig wuschig. Geil. Gamsig. Sie verstehen schon.

Aber bitte, das hat nichts mit Nekrophilie zu tun. Der Käferich steht einzig auf quicklebendige Käferinnen, und idealerweise treffen beide am Kadaver aufeinander, um dann eben das zu machen, was man so macht, wenn man richtig wuschig, geil oder gamsig ist. Manchmal tauchen mehrere Totengräber*innen gleichzeitig auf, dann muss erst mal ausgefochten werden, wer zum Zug kommt. Es kämpfen sowohl Männchen als auch Weibchen untereinander, die Sieger jedes Geschlechts – die größten Wuchtbrummer halt – erhalten als Trophäe den Kadaver ganz für sich allein. Romantik pur.

Und dann geht es los. Beziehungsweise: Dann geht die Leiche los. In einer bizarren Prozession befördern die Totengräber sie im partnerschaftlichen Teamwork an eine Stelle, wo der Boden sich für ein Grab gut eignet. Dabei schieben die Käfer sich so unter das tote Tier, dass sie auf dem Rücken liegen, um es dann mit ihren sechs Beinchen laufbandartig voranzuschieben. Für einen menschlichen Beobachter sieht so ein mitten in der Nacht plötzlich über den Boden ruckelnder toter Vogel durchaus so aus, als sollte man lieber schnell wieder nach Hause ins Bett gehen. Dabei ist es echter Leistungssport, den man geboten bekommt: Immerhin wuchten die Käfer hier das 150- bis 200-Fache ihres eigenen Gewichts durch die Gegend.

Haben sie einen geeigneten Ort für die Bestattung erreicht, graben sie unter dem Kadaver ein Loch, bis dieser nach und nach im Erdreich verschwindet. Doch wenn der/die/das Verblichene anschließend six beetlefeet under liegt, ist die Arbeit noch längst nicht erledigt. Zunächst wird der Leichnam nackig gemacht: Pelztiere werden enthaart, Vögel gerupft. Anschließend wird der Körper gründlich einbalsamiert, mit einem hausgemachten Sekret in Geheimrezeptur. Das wirkt ähnlich wie bei den altägyptischen Mumienmachern und verhindert eine weitere Verwesung – wie das genau funktioniert, wüssten Pharmakologen übrigens auch gerne, denn die antibakterielle Käferspucke wirkt so gut, dass sie auch für den Menschen Nutzen verspricht.

Aber jetzt kommt noch mal richtig Leben in die Leiche. Das Käferweibchen legt seine Eier in eine kleine Höhle neben der Gruft, aus denen nach wenigen Tagen die kleinen Totengräberchen schlüpfen. Die sehen zu diesem Zeitpunkt noch eher madenartig aus und sind noch nicht in der Lage, selbst am Aas zu knabbern. Deshalb werden sie von ihren Käfereltern liebevoll versorgt. Mama und Papa tragen sie zum gedeckten Tisch, schlucken einen ordentlichen Batzen Aas hinunter und würgen ihn dann wieder aus, den lieben Kleinen direkt ins Maul.

Totengräber sind neben den staatenbildenden Bienen, Ameisen und Termiten so ziemlich die einzigen Insekten, die sich um ihren Nachwuchs kümmern, bis dieser sich verpuppt. Die Alten füttern ihn nicht nur mit Würge-Aas, sondern sorgen auch dafür, dass der Gammelfleischvorrat nicht zu gammelig wird, indem sie Pilze entfernen und immer mal wieder etwas bakterizides Sekret nachspeicheln. Nach rund einer Woche können die Larven dann selbstständig vom Vorrat naschen. Ist die Leiche nicht groß genug für alle der meist rund zwanzig Köpfchen zählenden Kinderschar, greifen die alten Käfer hilfreich ein – indem sie einfach ein paar der lieben Kleinen auffressen, bis wieder genug für alle da ist. Nehmt das, Ihr Helikopter-Eltern!

Schließlich verpuppen die Larven sich und schwirren nach einer Umwandlungszeit von einem Monat als fertige Käfer ab in die Nacht, auf die Suche nach einem schönen Kadaver, um mit ihm eine eigene Familie zu gründen.

Dass trotz dieses insgesamt ziemlich ausgefeilten Überlebenskonzepts aus einem der häufigsten Insekten Nordamerikas eine unmittelbar von der Ausrottung bedrohte Art werden konnte, hängt eng damit zusammen, dass zuvor aus dem häufigsten Vogel Nordamerikas (wenn nicht sogar der Welt) eine ausgerottete Art geworden ist.

Noch im 19. Jahrhundert galt es als eines der größten Naturwunder der Erde, wenn ein Schwarm Wandertauben auf Reisen ging. Dann verdunkelte sich der Himmel, vergleichbar nur mit einer Sonnenfinsternis. Von Horizont bis Horizont sahen staunende Menschen nur noch gefiederte Leiber von Millionen und Abermillionen dieser Vögel, stunden-, manchmal sogar tagelang ohne Unterbrechung. Der berühmte Ornithologe John James Audubon wurde 1813 in Ohio Zeuge eines solchen Spektakels: »Die Luft war buchstäblich gefüllt mit Tauben; der Dung fiel in Placken, nicht unähnlich schmelzendem Schnee; das andauernde Dröhnen der Flügel begann, mich in den Schlaf zu wiegen.« Der Wandertaubenbestand damals wird auf 3 bis 5 Milliarden Exemplare geschätzt, er machte 25 bis 40 % der gesamten

Vogelbevölkerung der USA aus. Die Tauben nisteten in gewaltigen Massenansammlungen in den Wäldern, ein einziger Baum konnte mit weit über hundert Nestern überzogen sein, Äste brachen unter der Belastung.

Da fielen natürlich immer auch genug Tauben für die Totengräber an. Bis die europäischen Siedler kamen. Für sie waren die Tauben ein geflogenes Fressen und sogar Brennstoffvorrat. Selbst ungeübte Schützen erlegten problemlos ein halbes Dutzend auf einen Streich, auch wenn sie nur orientierungslos in einen Schwarm ballerten. Es kam zu regelrechten Massakern. An einem Nistplatz in Kentucky wurden über fünf Monate täglich 50 000 Vögel getötet. Ein einziger Jäger hat im Lauf seiner Karriere drei Millionen Tiere zu seinem Auftraggeber geschickt – und 1880 gab es etwa 1200 hauptberufliche Wandertaubenjäger.

Dann ging alles ganz schnell. Erste Warnungen vor der Tragödie wurden ignoriert. Eine Vorlage zum Schutz der Tiere wurde in Ohio noch 1857 vom Senat abgelehnt mit der Begründung: »Die Wandertaube benötigt keinen Schutz. Sie ist auf wunderbare Weise überaus fruchtbar, nistet in den unermesslich weiten Wäldern des Nordens, wandert Hunderte Meilen auf der Suche nach Nahrung, ist heute hier und morgen dort, und kein denkbarer Eingriff kann ihren Bestand verringern oder überhaupt nur bemerkt werden angesichts der Myriaden, die jährlich nachkommen.« So kann man sich irren. 1890 waren die Tauben fast verschwunden. Das letzte verbürgte freilebende Exemplar wurde 1900 von einem vierzehnjährigen Jungen mit dem Luftgewehr erlegt. Viel zu spät hatten sich Zoos der Art angenommen. Die letzten Wandertauben lebten im Zoo von Cincinnati, wo

Zuchtversuche fehlschlugen, bis schließlich nur noch eine übrig war: Martha. Die lag schließlich am 1. September 1914 um 13 Uhr tot auf dem Boden ihres Käfigs. Nicht einmal diese letzte Taube gönnte man den Totengräbern – Martha wurde tiefgefroren und konserviert.

Der Mangel an toten Tauben blieb nicht die einzige Bürde für die Käfer. Pestizide setzen ihnen ebenso zu wie in Agrarwüsten umgewandelte Landschaften, vor allem aber die ganz allgemein abnehmende Tierzahl. Denn die Gleichung ist ganz einfach: weniger Tiere = weniger Tierleichen. Am Ende waren die Käfer in 90 Prozent ihres ehemaligen Verbreitungsgebiets ausgelöscht; es gab nur noch eine Handvoll kleiner Reliktpopulationen.

Doch anders als bei der Wandertaube wurde diesmal hoffentlich noch rechtzeitig eingegriffen. In den 1990ern begann ein Programm zur Rettung der Totengräber, die nun in mehreren Zoos gezüchtet werden. Inzwischen gelang die Auswilderung von Tausenden Käfern und die Wiederbesiedlung zumindest einiger ehemaliger Lebensräume.

Das freut übrigens nicht nur die Käfer, sondern auch eine Milbe mit dem Namen *Poecilochirus*, die ebenfalls auf und von Tierkadavern lebt. Aber weil Milben nun mal sehr klein sind, kommen sie schwer von einem Aas zum nächsten. Deshalb krabbeln sie auf die Totengräber und lassen sich von ihnen einfach mitnehmen zum nächsten Leichenschmaus. Dafür revanchieren sie sich, indem sie rabiat gegen lästige noch kleinere Kleinstorganismen vorgehen, die den Käferlarven das Futter streitig machen könnten. Beinahe hätte also die Ausrottung der Wandertaube nicht nur zum Aus für den Amerikanischen Totengräber geführt, sondern auch die auf solche Käfer spezialisierten *Poecilo-chirus* in Mitleidenschaft gezogen. Nicht, dass die Weltöffentlichkeit die Tragödie einer Milbe sonderlich interessiert hätte. Aber wir wollten es doch wenigstens einmal erwähnt haben.

Der Anegada-Wirtelschwanzleguan

Freilaufende und friedlich Gras und Blätter vor sich hin mümmelnde Ziegen, Esel, Schafe und Rinder, dazwischen tollen lustig ein paar Hunde und Kätzchen umher – das klingt wie die perfekte Idylle aus der guten alten Zeit. Aber fragen Sie mal den Anegada-Wirtelschwanzleguan! Der könnte da eine ganz andere Geschichte zu erzählen. Doch weil er es nun einmal nicht macht, übernehmen wir das hier.

Der Anegada-Wirtelschwanzleguan sieht aus wie ein drachenartiges Überbleibsel aus früheren Zeiten. Genau genommen: Der Anegada-Wirtelschwanzleguan *ist* ein drachenartiges Überbleibsel aus früheren Zeiten. Bevor Captain Jack Sparrow und Konsorten einst anlandeten, waren diese mächtigen Leguane und ihre nahen Verwandten auf benachbarten Eilanden mit einer Länge von deutlich über einem Meter und einem ansehnlichen Gewicht von bis zu acht Kilo die uneingeschränkten Herrscher der Karibik. Ernstzunehmende Säugetiere gab es dort nämlich nicht, außer ein paar rattenähnlichen Zauseln, diversen Vögeln und allerlei Krabbelgetier hatten die Großechsen ihre tropischen Trauminseln ganz für sich allein. Und taten, was wechselwarme Großreptilien die meiste Zeit tun: im Wesentlichen nichts. Beziehungsweise mal in der

Sonne, mal im Schatten liegen, um die wohligste Körpertemperatur einzustellen, denn anders als Säuger und Vögel können Reptilien diese nicht über ihren Stoffwechsel regulieren, sondern sind dazu auf die Wärme der Umgebung angewiesen – und da wird es schnell zum Fulltimejob, sich mal ordentlich aufzuwärmen.

Aber wehe, ein Konkurrent taucht auf! Dann werden die sonst stundenlang bewegungslos dösenden Echsenmännchen zu echten Kampfsauriern, denen man ohne mit der Wimper zu zucken eine Hauptrolle im nächsten Teil von *Jurassic World* anbieten würde. Sie reißen ihre Mäuler auf und flachen sich seitlich stark ab, um aus Leguanperspektive, also vom Boden aus betrachtet, möglichst riesig zu wirken, während der mit dornigen, verhornten Schuppen besetzte Kielschwanz bereitsteht, ziemlich hart zuzuschlagen. Mit einer Energie und Aggressivität, die man den trägen Tieren nie zugetraut hätte, umtänzeln sie nun ihren Gegner, teilen Schwanzschläge aus oder versuchen, ihm Bisse am Kopf beizubringen und ihn auf den Boden zu drücken. Ein imposantes Bild, wenn zwei solcher Kolosse sich im von ihnen aufgewühlten staubigen Dunst auf Teufel komm raus bekriegen, bis schließlich einer aufgibt und mit erstaunlichem Tempo das Weite sucht. Der Sieger kostet seinen Triumph ordentlich aus und rennt dem Unterlegenen noch eine Weile hinterher, anschließend stellt er sich in Pose und gibt ein überlegenes Kopfnicken ab, das allen Weibchen der Umgebung zeigt, was für ein toller Typ er ist. Wie man sieht, halten sich die Fortschritte, die der Mensch im Lauf seiner evolutionären Entwicklung gemacht hat, in Grenzen – dieses Verhalten kennen schließlich auch wir zur Genüge.

Stichwort toxische Männlichkeit, beziehungsweise hier halt eher staubige Männlichkeit.

Bis auf diese gelegentlichen Aufregungen aber verlief das Leguanleben in den letzten zwei Dutzend Millionen Jahren eher ruhig. Bis Columbus & Co. die karibischen Inseln für sich entdeckten. Die Leguane wurden gerne als Frischfleischvorrat genutzt, vor allem aber begann eine erbarmungslose Konkurrenz um denselben Lebensraum. Denn die Menschen siedelten am liebsten dort, wo auch die Leguane leben: im Flachland an den Küsten. Als noch fataler erwies sich das Gefolge der neuen Siedler. Denn die mitgebrachten und frei herumziehenden Ziegen, Esel und Rinder bevorzugen die gleiche Nahrung wie die Großechsen, nämlich Blätter und Gräser. Dabei zertrampelt das Vieh die Gegend, degradiert Boden und Vegetation und fördert die Erosion. Eingeschleppte Ratten und marodierende Schweine vergreifen sich an den Leguannestern, und Katzen erbeuten die Schlüpflinge, die größentechnisch perfekt ins Beute- und Spielzeugschema der Leider-eben-nicht-Stubentiger passen. Mangels evolutionärer Erfahrung mit Raubtieren guckten die Mini-Leguane zudem einfach nur staunend drein, wenn so ein hocheffizienter Räuber auftauchte, statt schleunigst abzuhauen.

Das Ergebnis: Die Großleguane der Karibik gehören heute zu den seltensten Reptilien der Welt, vom Anegada-Wirtelschwanzleguan gab es zwischenzeitlich nur noch wenige Dutzend Exemplare. Die Art lebte am Ende ausschließlich auf der wenige Quadratkilometer großen Insel Anegada, die zu den British Virgin Islands gehört.

Zu ihrer Rettung müssten die eingeschleppten Haustiere

eigentlich ausgerottet werden – ein Ansinnen, dem die Inselbewohner bislang, sagen wir: eher zwiespältig gegenüberstehen. Eine Lösung ist hier noch nicht in Sicht. Um zumindest aber die arg- und wehrlosen Leguanbabys zu schützen, werden sie heute von Naturschützern gefangen und in einer Station in menschlicher Obhut aufgezogen, bis sie so groß sind, dass sie Katzen nicht mehr fürchten müssen. Außerdem bestehen in mehreren Zoos Zuchtprojekte für den Anegada-Wirtelschwanzleguan und seine Verwandten.

Aufgrund dieser Maßnahmen besteht die berechtigte Hoffnung, dass diese Urtiere auch in den nächsten paar Millionen Jahren das machen können, was sie am liebsten machen: reglos in der Sonne liegen, und nur zwischendurch mal ein bisschen Staub aufwirbeln. Wünschen wir ihnen das Beste.

Das Aye-Aye

Es gehört zum Wesen der Menschen, Dinge zu sortieren, zu kategorisieren und mit eindeutigen Labels zu versehen. Ordnung muss sein – schließlich will man den Überblick behalten.

So gesehen ist das Aye-Aye aus Madagaskar ein geradezu verstörendes Geschöpf, wirkt es doch eher wie eine Kreatur aus einem Fantasy-Film, bei der sich die Kostümbildnerin den Spaß gemacht hat, möglichst unvorteilhafte Eigenschaften zusammenzustellen. Gut, die großen Fledermaus-Ohren sehen noch ganz nett aus, die runden Uhu-Augen, okay, aber dieses Nager-Gebiss mit den Biberzähnen in Verbindung mit dem struppigen dunklen Fell laden nun nicht gerade zum Kuscheln ein – und wehe, wehe, wenn ich auf die Hände sehe. Die Finger, krallenbewehrt und mit einem auf zehn Zentimeter verlängerten, knöchrig-dünnen Mittelfinger ausgestattet, der direkt von Freddy Krueger aus *Nightmare on Elm Street* entliehen scheint. Nein, diesem Tier möchte man nicht unbedingt nachts auf der Straße begegnen.

Die Madagassen selbst sehen das offenbar ähnlich, in weiten Teilen des Landes wird das Aye-Aye mit nahendem Unglück in Verbindung gebracht. Im Norden der Insel glaubten die Menschen, dass die Sichtung eines erwachsenen Aye-Ayes auf dem Hausdach den bevorstehenden Tod eines (erwachsenen) Bewohners ankündige – die Sichtung eines Jungtiers entsprechend den Tod eines Kindes.

So nachvollziehbar der Schrecken beim Anblick eines Aye-Ayes auch sein mag, die Vorwürfe sind doch arg ungerecht. Im Gegenteil: Nicht nur sind diese knapp drei Kilo schweren, nachtaktiven Halbaffen für Menschen völlig ungefährlich, sie haben zudem eine der erstaunlichsten evolutionären Wegstrecken im Primatenreich hingelegt.

Die Geschichte begann vor mindestens 90 Millionen Jahren, als Madagaskar sich von Indien trennte und sich aufmachte, als Solitär im Indischen Ozean eine ganz eigene Tier- und Pflanzenwelt zu entwickeln. Die Abwesenheit von größeren Raubsäugern und echten Primaten sicherten den Halbaffen, die andernorts bald verdrängt wurden, auf der Insel ihre Existenz. Und noch jemand fehlte: Spechte. Genau diese ökologische Nische hat sich das Aye-Aye ausgesucht. Während der Specht die Rinde nach hohlen Stellen abklopft, um sich dann mit dem Schnabel Zugang zu verschaffen und mit seiner langen Zunge die Beute zu ergreifen, hat das Aye-Aye einen anderen Weg zum selben Ziel gefunden. Mit seinen großen Ohren lauscht es an der Rinde auf die verborgenen Fraßgeräusche der Käferlarven und den Klang verräterischer Hohlräume, die es mit seinem knochigen Mittelfinger erklopft. Hat es einen Leckerbissen geortet, kommen die Zähne zum Einsatz. Mit ihnen ritzt das Aye-Aye die Rinde auf, um dann mithilfe seines Mittelfingers die Larve aus dem Loch zu puhlen.

Man merke: Viele Wege führen zum Wurm.

Und noch etwas lehrt uns der erhobene Mittelfinger (der dem Aye-Aye übrigens den deutschen Namen *Fingertier* bescherte): Eitelkeit führt nicht zum Ziel. Bäume wollen »entlarvt« werden, und wenn die Spechte fehlen, muss halt jemand in die Bresche springen, mag der ästhetische Preis auch noch so hoch sein.

Die viele Millionen Jahre später auf Madagaskar eingetrudelten Menschen haben es dem Aye-Aye nicht gedankt. Es ist jedoch nicht in erster Linie die Bejagung, die zur Bedrohung für seine Existenz wurde, sondern die Entwaldung. Aus der einst grünen Insel Madagaskar ist längst eine rote geworden, schätzungsweise um die 90 Prozent der Wälder sind zerstört, ein Ende des Raubbaus nicht abzusehen.

Das Erbe kolonialer Ausbeutung, Korruption, Armut und obendrauf die volle Wucht des Klimawandels – auf Madagaskar ist im Kleinen zu beobachten, was auf uns zukommt in den kommenden Jahrzehnten. Im Grunde müsste man für die gesamte Tier- und Pflanzenwelt dieses Mini-Kontinents vorsorglich Reservelebensräume schaffen, wollte man diesen unermesslichen evolutionären Schatz bewahren. Das dürfte knapp werden. Aber immerhin, in Sachen Aye-Aye ist schon einiges passiert.

Ab Mitte der Achtzigerjahre des letzten Jahrhunderts begann die Zoogemeinschaft den Versuch einer koordinierten Erhaltungszucht in Verbindung mit umfangreichen Forschungs- und Artenschutzaktivitäten vor Ort. Inzwischen leben um die 60 Aye-Ayes in gut einem Dutzend zoologischen Institutionen weltweit, von Madagaskar über Europa und Nordamerika bis nach Japan, die von knapp 30 Gründertieren aus dem Freiland abstammen.

Das ist ein recht überschaubarer Bestand, aber durchaus nicht ungewöhnlich, man könnte sogar sagen, das Arbeiten mit kleinen bis sehr kleinen Zahlen ist der Normalfall in Sachen Erhaltungszucht. Im Gegensatz dazu schreitet der Niedergang der Arten im Freiland in atemberaubend großen Schritten voran. Seit 1970 sind zwei von drei wildlebenden Wirbeltieren von der Erde verschwunden. Wenn man sich diese Dimension bildlich vor Augen führt, kann man schon mal Schnappatmung kriegen. Aber es nützt ja nichts.

Helfen könnte indes, wenn wir uns am Aye-Aye ein Beispiel nähmen: die bestehende Situation analysieren, annehmen, persönliche Befindlichkeiten über Bord werfen und tun, was zu tun ist, um zu überleben.

Der Bartgeier

Ein abgenagter Knochen, der plötzlich aus heiterem Himmel vor einem auf dem Boden aufschlägt und zerspringt – das klingt eher nach einem Stephen-King-Schocker oder einer weiteren dieser Stellen aus dem Alten Testament als nach Zoologie. Tatsächlich aber kündet der Horror-Moment einfach nur von einem Vogel, der Hunger hat. Und er deutet darauf hin, wie irrationale Ängste dazu geführt haben, dass in den Alpen eine prachtvolle, aber gänzliche harmlose Tierart ausgerottet wurde. Doch der Reihe nach.

Bartgeier sind mit einer imposanten Flügelspannweite von fast drei Metern die größten Greifvögel Europas. Wie alle Geier ernähren sie sich von Aas. Wobei der Bartgeier ein echtes Alleinstellungsmerkmal damit hat, dass er sich wirklich ganz ans Ende der Nahrungskette stellt. Während andere Geier mit, man muss es ja doch mal kritisch anmerken, zweifelhaften Tischmanieren in blutigen Kadavern herumstochern, um Fleischbrocken herauszureißen und wabbelige Innereien durch ihre Schnäbel glitschen zu lassen, wartet der Bartgeier in aller Ruhe ab, bis die Sauerei vorbei ist und nur noch ein abgenagtes Skelett auf der Alm herumliegt. Dann frisst er in aller Ruhe, was sonst niemand haben will: blanke

Knochen. Es ist ein durchaus irritierender Anblick, wenn so ein Vogel einen Knochen von bis zu 30 Zentimeter Länge einfach am Stück hinunterschluckt. Im Magen wartet extrem ätzende Säure darauf, diese unter Vögeln einzigartige Kost in all ihre nährstoffreichen Bestandteile zu zersetzen. Übrig bleibt viel Kalk, der mit dem nächsten Vogelschiss entsorgt wird – so ein Bartgeier ist deshalb eine Art fliegende Kreidefabrik. Zu 80 bis 90 Prozent ernährt er sich von Knochen, nur Jungvögel kriegen auch Fleisch, das die Eltern aus Tierkadavern holen. Deshalb brüten Bartgeier früher im Jahr als andere Alpenvögel, nämlich mitten im Winter. Die Jungen schlüpfen dann zur Schneeschmelze im Frühjahr, wenn die winterlichen Opfer von Dauerfrost und Lawinen langsam auftauen, und damit reichlich Tiefkühlkost zur Verfügung steht. Ansonsten beschränkt der Bartgeier sich auf Skelette.

Nun sind viele Knochen allerdings länger als 30 Zentimeter. Um diese wertvollen Ressourcen nicht zu verschwenden, kommt es zum eingangs erwähnten Szenario, das dem Menschen den Schrecken in die Knochen, aber auch die Knochen in den Geier fahren lässt. Der Vogel schnappt sich sein XXL-Menü, steigt in Höhen bis zu 100 Meter auf und lässt es dann gezielt auf den Fels herabstürzen, auf dass es in schnabelgerechte Stücke zerspringe. Und wenn es beim ersten Mal nicht klappt, dann eben beim zweiten – oder beim 40. Mal. Bartgeier sind geduldige Vögel. »Knochenschmiede« nennt man die bis zu 30 Quadratmeter großen felsigen Aufschlagstellen, die Geier entsprechend auch »Knochenbrecher«.

Das klingt natürlich nicht besonders vertrauenerweckend. Überhaupt – diese große Zuneigung zu Skeletten ist dem Menschen insgesamt eher suspekt. Hinzu kommt die imposante Größe der Tiere. Alles zusammen hat wohl dazu geführt, dass der Bartgeier ein echtes Imageproblem bekam. Zumal ihm gänzlich ungerecht angedichtet wurde, dass er sich Lämmer schnappe und mit ihnen davonfliege, was ihm den deutschen Namen Lämmergeier eingebrockt hat. Die Alpenbewohner legten sogar noch einen drauf und unterstellten dem an lebendiger Nahrung grundsätzlich uninteressierten Vogel, er hole sich auch kleine Kinder. Dieser Irrglaube hat sich vermutlich auch deshalb so tief ins alpine Bewusstsein eingebrannt, weil manche Familie auf diese Weise eine gute Erklärung hatte für allzu rabiate Formen nachträglicher Familienplanung. Und das ist, ganz anders als die ressourcenschonende Ernährungsweise des Bartgeiers, nun wirklich schaurig.

Wie tief der Aberglaube vom bösen Lämmergeier sitzt, zeigt sich im bis heute berühmten, 1875 publizierten Roman *Die Geierwally*. Ihre Heldin ist eine mutige Frau aus einem Tiroler Tal, die in eine gefährliche Steilwand klettert, um den Horst eines Lämmergeiers zu zerstören und so ihr Dorf vor dem Untier zu retten.

Fake News können schlimme Folgen haben. Beim vermeintlichen Lämmergeier führte der miese Ruf zu einem Vernichtungsfeldzug. Er wurde im 19. Jahrhundert in flammendem Eifer abgeschossen oder mit vergifteten Ködern bekämpft, es wurde sogar Kopfgeld auf ihn ausgesetzt. Hinzu kam der Rückgang sowohl seiner bevorzugten Knochenmarksspender Hirsch, Steinbock und Gämse, sowie der notwendigen Zulieferer, also Wolf, Luchs und Bär. So wurde das letzte Exemplar in den Alpen schließlich 1913 im italienischen Aosta-Tal vom Himmel geholt.

Damit war einer der markantesten Alpenbewohner verschwunden. Nicht nur die Größe und die einzigartige Ernährungsweise machen ihn zu etwas Besonderem, er sieht auch noch wirklich adrett aus mit seiner grauschwarzen Oberseite und dem dazu scharf kontrastierenden weißen Kopf und Hals. Seine Iris ist gelb, sie wird umrahmt von einem roten Kreis, der umso intensiver strahlt, je aufgeregter der Geier ist. Das sieht jedenfalls erheblich attraktiver aus als der rote Kopf cholerischer alter, weißer Männer mit Jagdgewehren in der Hand. Hinzu kommt beim Geier der namensgebende Bart, ein Büschel borstenartiger Federn, das ihm über den Schnabel hängt und von dem man letztlich keine rechte Ahnung hat, wozu es gut sein soll. Vielleicht gefällt es den exaltierten Vögeln einfach. Denn ganz offensichtlich verfügen sie über einen ausgeprägten modischen Geschmack. Ihre Bauchseite schimmert ansprechend rötlich. »Ja, mei«, mögen Sie denken, »es gibt halt Vögel mit schönem Gefieder, so sind se halt, das ist ja keine eigene Leistung, da müssen die sich gar nichts drauf einbilden!« Von wegen. Der Bartgeier macht sich selbst so schnieke. Diese verblüffende Erkenntnis wurde erst 1995 gewonnen. Bis dahin hat man sich bloß gewundert, warum in Zoos gehaltene Bartgeier untenrum immer ganz weiß sind. Die Erklärung: Bartgeier suchen sogenannte Rotbadestellen auf, eisenoxidhaltige Schlammsuhlen, in denen sie sich so lange herumwälzen, bis sie einen ihnen angemessen scheinenden Rötegrad erreicht haben. Warum sie das tun? Weiß der Geier!

Ein prekäres Bestiarium

Zwar hatten Bartgeier ursprünglich ein riesiges Verbreitungsgebiet von Südafrika über den Atlas und die Pyrenäen bis zu den Alpen und nach Osten bis in den Himalaya, aber auch andernorts sind die Bestände teils drastisch zurückgegangen. In Europa waren bis Mitte des 20. Jahrhunderts nur winzige Restpopulationen in den Pyrenäen, auf Korsika und Kreta übriggeblieben. In den 1970ern versuchte man deshalb, in Zentralasien gefangene Bartgeier in den Alpen auszuwildern. Die Operation endete im Fiasko und wurde keine zehn Jahre später abgebrochen. Ein anderer Ansatz musste her.

In europäischen Zoos verstreut lebte noch eine Restpopulation von Alpen-Bartgeiern. Die Zoos schlossen sich mit anderen Artenschützern zu einer europäischen Bartgeier-Rettungsorganisation zusammen. 1973 gelang dem Alpenzoo Innsbruck der erste Zuchterfolg – bis heute schlüpften kleine Bartgeier in 36 Zoos und 5 Aufzuchtstationen. Die erste erfolgreiche Auswilderung erfolgte 1986 im Nationalpark Hohe Tauern in Österreich. Die Jungvögel werden im Alter von etwa drei Monaten in gut geschützte Felsnischen in den Bergen gebracht. Dort versorgen die Artenschützer sie noch eine Weile mit Futter, bis die jungen Geier schließlich erste Flüge wagen. Im Alter von fünf bis sieben Jahren erreichen sie die Geschlechtsreife. 1997 kam es wieder zur ersten Brut in den Alpen. Parallel dazu wurden die Vögel unter strengen Schutz gestellt, eine Aufklärungskampagne sollte sie von ihrem schlechten Ruf befreien. Als erster Schritt wurde von nun an konsequent das L-Wort gemieden, sodass sie jetzt eben Bartgeier heißen.

Bis Ende 2020 lebten wieder 229 ausgewilderte Bartgeier

in den Alpen, die wiederum für 308 in der Natur geschlüpfte Nachkommen gesorgt haben – eine Erfolgsstory.

Am 8. Juli 2021 schließlich wurden, nachdem sie über 140 Jahre lang ausgerottet waren, im Nationalpark Berchtesgaden die ersten beiden Bartgeier Deutschlands in eine Felsnische oberhalb der Baumgrenze entlassen. Sie heißen Bavaria und Wally. Bavaria ist selbsterklärend, und Wally eben nach der Geierwally. Ausgerechnet. Aber vielleicht ist der böse Geist der Vergangenheit damit endgültig gebannt. Anlässlich ihrer Auswilderung gab es in Berchtesgaden jedenfalls ein regelrechtes Volksfest. Denn schließlich heißt es ja auch schon in Walt Disneys *Dschungelbuch*: »Keine Feier ohne Geier!«

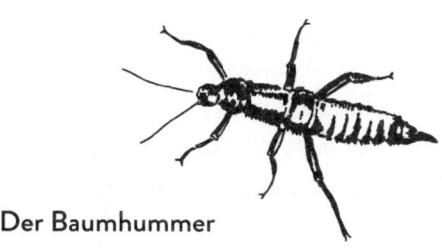

Der Baumhummer

Tief im Pazifik, rund 800 Kilometer vor der australischen und 600 Kilometer vor der neuseeländischen Küste, liegt ein kleines Südsee-Paradies mit Korallenriff, traumhaften Sandstränden und sanften, dicht bewaldeten Hügeln: die Lord-Howe-Insel. Mit einer Fläche von knapp 15 Quadratkilometern ist sie etwa so groß wie das Saarland – nein, Quatsch, natürlich nicht. Das Saarland ist mit seinen 2570 Quadratkilometern dann doch rund 170 Mal größer. 170 Mal! Die Lord-Howe-Insel ist also wirklich sehr, sehr klein.

Doch die ersten europäischen Siedler, die Ende des 18. Jahrhunderts hier ankamen, erzählten seltsame Geschichten von dieser sehr, sehr kleinen, bis dahin unbewohnten Südseeinsel. Ein merkwürdiges Wesen solle sich nachts in den Wäldern auf den sanften Hügeln herumtreiben. Groß wie ein Hummer, lang wie ein dicker Ast, mit einer Rüstung versehen wie ein Ritter, der in die Schlacht zieht, mit kräftigen Dornen an den Flanken und sechs dick gepanzerten Beinen. Sehr langsam soll es in der Nacht an den Bäumen herumkriechen und sich mit einem seltsam schwankenden Gang durch das Blattwerk schieben.

Ist der Baumhummer also eine Art verunstalteter Südsee-Yeti? Oder haben die neuen Inselbewohner fernab ihrer alten

Heimat einfach zu viel Rum getrunken, der ihre Fantasie unstatthaft beflügelt (bzw. bepanzert) hat? Lange Zeit konnten Forscher kein einziges der legendären Geschöpfe zu Gesicht bekommen. Genauer: seit ungefähr 1920 nicht. Urplötzlich waren die Baumhummer, die angeblich früher in großer Zahl in den Wäldern von Lord Howe Island lebten, wie vom Erdboden verschluckt. Was war geschehen? Die Lösung des Rätsels führt mitten hinein in einen echten Wissenschaftskrimi.

Tatort: Das Dampfboot SS Makambo, das seit 1910 regelmäßig die 2500 Kilometer lange Strecke zwischen der australischen Metropole Sydney und Port Vila auf der Südsee-Insel Vanuatu abfährt und dabei Handelswaren und Passagiere befördert. Zu seiner Route gehört immer auch ein Stopp auf der Lord-Howe-Insel. Doch am 15. Juni 1918 geht etwas schief. Nach der Ausfahrt aus dem Hafen läuft die Makambo vor der Nordspitze von Lord Howe Island auf einen Felsen. Sie muss evakuiert werden, eine Frau ertrinkt. Das Schiff wird in den Inselhafen geschleppt, die Reparaturarbeiten dauern mehrere Tage an. Genug Zeit für die Schiffsratten an Bord, mal an Land zu gehen und sich umzugucken. Und für sie ist das Südsee-Paradies ein Ratten-Schlaraffenland. Eine ganze Insel liegt ihnen zu Pfoten, ohne Feinde, dafür mit reichlich Leckereien: nämlich die Baumhummer! Für Ratten offenbar ein unwiderstehlicher Leckerbissen, denn die Rüstung der Insekten hat den scharfen Nagezähnen der Neuankömmlinge nichts entgegenzusetzen. In nur zwei Jahren sind sämtliche Baumhummer weggefressen – und außerdem noch eine Reihe schräger Vögel, die nur auf dieser Insel lebten und die auf Invasoren ebenfalls nicht eingestellt waren.

Ein Jammer, denn der Baumhummer, der für immer verloren scheint, ist ein wirklich ganz und gar außergewöhnliches Wesen. Mit bis zu zwölf Zentimeter Länge und 25 Gramm Gewicht gehört er zu den wirklich großen Insekten. Das Tier erinnert an einen dicken Ast, die Beine und Fühler sehen aus wie kleine, davon abstehende Zweige. So sind die Baumhummer perfekt getarnt im Gewirr der Äste, wo sie sich von Blättern ernähren. Um noch weniger aufzufallen, bewegen sie sich nur sehr gemächlich und schwankend, sodass man bei ihrem Anblick eher an einen im Wind schaukelnden Ast denkt als an ein Tier. Eine nahezu perfekte Tarnung, die dazu führt, dass man diese Stabschrecken kaum erkennt, selbst wenn sie direkt vor den Augen im Gebüsch sitzen.

Aber die Super-Ast-Tarnung ist noch nicht alles, was sie an Besonderheiten zu bieten haben. Während die erwachsenen Tiere, die eher an größeren Ästen sitzen, rindenbraun und nachtaktiv sind, zeigen die Jungen ein kräftiges Blattgrün, denn sie sind am Tag unterwegs und halten sich am liebsten auf Blättern auf. Sie unterscheiden sich so sehr von ihren Eltern, dass die ersten Forscher sie zunächst irrtümlich als eigene Art beschrieben haben.

Für Insekten extrem außergewöhnlich ist die romantische Ader der Baumhummer: Paare leben oft dauerhaft fest zusammen, die Männchen bewachen ihre Partnerinnen eifersüchtig und greifen jeden Nebenbuhler mit voller Kraft an. Andererseits können die Weibchen auch ganz unromantisch sein: Findet sich gerade kein Verehrer, erfüllen sie sich ihren Kinderwunsch einfach selbst. Auch ohne vorherige Befruchtung können sie Eier legen, aus denen dann putzmunterer Nachwuchs schlüpft. Dazu kopieren sie sich sozusagen einfach selbst, die Jungen sind also exakte Kopien der Mutter – Angriff der Klon-Baumhummer!

Fast ein halbes Jahrhundert nach dem Verschwinden der Baumhummer stießen Extremsportkletterer auf einem winzigen Felsen mit dem Namen Ball's Pyramid, der 23 Kilometer vor der Küste der Lord-Howe-Insel steil aus dem Meer ragt, auf ein totes Exemplar des Rieseninsekts. In diesem Fall aber bedeutete Tod gleich Leben: Es musste also doch noch Baumhummer geben! Weitere Expeditionen auf den extrem unzugänglichen Felsen folgten, aber es dauerte noch einmal fast vierzig Jahre, bis Wissenschaftler tatsächlich auf einem einzelnen Baum eine kleine Gruppe von 24 lebenden Baumhummern fanden.

Es gibt ja Leute, die sich aus purer Leidenschaft mit den erstaunlichsten Dingen beschäftigen. Und ja: Es gibt sogar Leute, die sich aus purer Leidenschaft mit Stabheuschrecken beschäftigen. Die Wissenschaftler übergaben einem solchen Schrecken-Fan ein Pärchen der wiederentdeckten Art, ein zweites brachten sie in den Zoo von Melbourne. Das war der Startschuss für eine regelrechte Wiederauferstehung. Bis heute konnten von der ausgestorben geglaubten Art bei mehreren Zoos und Haltern über 10 000 Baumhummer gezüchtet werden. Als nächster Schritt sollen die Tiere wieder auf Lord Howe Island ausgewildert werden. Zunächst einmal muss die Insel aber rattenfrei werden.

Wenn das gelingt, könnten schon bald wieder gut gepanzerte, seltsame Geschöpfe nachts durch die Wälder eines entlegenen Südsee-Paradieses kriechen, irgendwo weit draußen im Pazifik.

Die Bayerische Kurzohrmaus

Die Bayerische Kurzohrmaus hat ein Problem. Oder genau genommen sieben Probleme. Dabei wurde sie erst Anfang der 1960er-Jahre überhaupt entdeckt, und zwar vom damaligen Leiter der staatlichen Vogelschutzwarte in Garmisch-Partenkirchen. In der Folge hat man am selben Fundort dreiundzwanzig Bayerische Kurzohrmäuse gefangen und sie als neue Art bestimmt, *Microtus bavaricus* ist ihr wissenschaftlicher Name. Danach ist ein Krankenhaus auf den Fundort gebaut worden, das Klinikum Garmisch-Partenkirchen. Seitdem wurde die Bayerische Kurzohrmaus dort nicht mehr gesichtet und galt als ausgestorben. Das ist das erste Problem der Bayerischen Kurzohrmaus.

Ihr zweites Problem besteht darin, dass sie, falls es sie doch noch geben sollte, gar keine Bayerische, sondern eine Österreichische Kurzohrmaus wäre. Im Jahr 2000 sind jedenfalls einige in Tirol gesichtete Tiere durch genetische Untersuchungen als Bayerische Kurzohrmäuse identifiziert worden. Die Bayerische Kurzohrmaus war also rückwirkend unausgestorben, der sogenannte Lazarus-Effekt. Trotz intensiver Suchaktionen hat sich die Maus seitdem nur noch an einem einzigen anderen Ort blicken lassen, und zwar 2010 in Kroatien. Vielleicht wäre sie also weder eine Bayerische noch eine Österreichische, sondern eine Kroatische Kurz-ohrmaus, was ja auch viel besser klingt wegen der Alliteration. Andererseits glauben einige Fachleute, dass es sich bei der kroatischen Bayerischen Kurzohrmaus in Wirklichkeit um die sehr ähnliche Illyrische Kurzohrmaus gehandelt hat, da die Bayerische Kurzohrmaus sich nach ihrem einmaligen überraschenden Auftauchen nie wieder in Kroatien hat blicken lassen. Jedenfalls lautet ihr offizieller internationaler Status »vom Aussterben bedroht«, und man muss sich das ungefähr so vorstellen wie bei Schrödingers Katze: Sie ist eigentlich schon nicht mehr da und gleichzeitig irgendwie doch noch, ein unbequemer Zwischenzustand. Das ist das dritte Problem der Bayerischen Kurzohrmaus.

Das vierte Problem: Angenommen, nach dem Lesen dieses Beitrags legt Ihre Katze Ihnen als Geschenk eine tote Bayerische Kurzohrmaus vor die Füße. Dann werden Sie nicht, wie das zum Beispiel bei einem Mammut der Fall wäre, sagen: »Oh, ein ausgestorben geglaubtes Tier! Ich rufe die Lokalzeitung und den Bund Naturschutz an!« Sie erkennen nur irgendein unauffälliges mäuseähnliches Tier. Ihre seltene Kurzohrmaus kommt vielleicht in die Zeitung, aber nur, weil Sie sie zum Wegwerfen drin einwickeln.

Auch wenn Sie durch diesen Beitrag aufmerksam geworden sind und es ganz genau wissen wollen, können Sie Ihre Fundmaus nicht einfach mit Fotos von anderen Bayerischen Kurzohrmäusen vergleichen. Wenn man im Netz nach Bildern sucht, findet man entweder überhaupt kein Bild (zum Beispiel im deutschsprachigen Wikipediaeintrag) oder Bilder, die alle möglichen anderen Wühlmäuse zeigen. Der englischsprachige ist genau wie alle anderen fremdsprachigen

Wikipediaeinträge, die ein Bild zeigen, mit der Mittelmeer-Feldmaus illustriert[1]. Bildredaktionen von Zeitungen geben das manchmal zu, zum Beispiel heißt es beim Münchner Merkur: «So ähnlich sieht die Bayerische Kurzohrmaus aus. Auf dem Bild ist eine normale Kurzohrmaus zu sehen.« Das ist das fünfte Problem der Bayerischen Kurzohrmaus.

Es scheint nur ein einziges öffentlich zugängliches Foto von ihr zu existieren. Der Wiener Fledermausexperte Edmund Weiss hat es vermutlich im Jahr 2004 von einer der Bayerischen Kurzohrmäuse gemacht, die in Tirol gefangen und danach wieder entlassen wurden. Und auf diesem Foto kann man noch nicht mal erkennen, ob das Tier überhaupt Ohren hat[2]. Das ist das sechste Problem der Bayerischen Kurzohrmaus. Deshalb heißt es zum Beispiel bei mammalweb.org über die Maus, dass sie »große sichtbare Ohren« hat, während in der Wikipedia und den meisten anderen Texten steht: »Die Ohren sind fast völlig im Fell verborgen.«

Selbst wenn es viele gute Fotos von der Bayerischen Kurzohrmaus gäbe, würde das nicht weiterhelfen, denn auch Fachleute können sie optisch gar nicht so leicht von den vielen anderen Wühlmausarten unterscheiden. Das ist das siebte Problem der Bayerischen Kurzohrmaus. Nur durch genetische Untersuchungen lässt sich sicher feststellen, dass man nicht eine von den vielen Doppelgängerwühlmäusen vor sich hat. Diese leichte Verwechselbarkeit kommt daher, dass die Bayerische Kurzohrmaus erst vor ganz kurzer Zeit, nämlich vor rund 10 000 Jahren, durch eine Eiszeit von ihrer nahen Verwandtschaft getrennt wurde. Sie hatte also einfach noch wenig Zeit, sich auffällige Merkmale wachsen zu lassen.

Für so ein junges Tier sind sieben Probleme mehr als genug. Hoffen wir also für die Bayerisch-Österreichisch-Kroatische Kurzohrmaus, dass sie doch noch Gelegenheit dazu bekommt, ordentliche eigene Merkmale auszubilden. Der Alpenzoo Innsbruck-Tirol hat im November 2020 angekündigt, dass er sich darum in den nächsten Jahren gemeinsam mit anderen Projektpartnern kümmern will. Am einzigen, nur wenige Quadratkilometer großen Fundort im Rofan-Gebirge in Tirol werden schon seit fünf Jahren regelmäßig Bayerische Kurzohrwühlmäuse gefangen. Ihre DNA wird anschließend analysiert. Bisher hat man sie danach wieder freigelassen, in Zukunft wird man jedes Jahr ein paar von ihnen zu einem Besuch im Alpenzoo einladen. Von anderen Wühlmäusen weiß man, dass sie sich bis zu sieben Mal im Jahr fortpflanzen, es sollte also bei guter Betreuung kein Problem sein, innerhalb kurzer Zeit den gesamten Alpenzoo mit Bayerischen Kurzohrmäusen zu füllen. Den Überschuss wird man an geeigneten Wohnorten wieder aussetzen. Und vielleicht gibt es dann ja endlich mal ein gutes Foto.[3]

1   So war es Ende 2020, als dieser Beitrag für den *Kreaturen-Podcast* entstand. Zum Zeitpunkt der Überarbeitung für die Buchfassung im Herbst 2021 gibt es im deutschsprachigen und im englischsprachigen Wikipediaeintrag korrekte und außerordentlich niedliche Bilder einer jungen Kurzohrmaus, bereitgestellt von Nadja Hattinger.

2   Auf den neuen Fotos sieht man sehr gut, dass man nichts sieht, die Kurzohrmaus also wirklich ziemlich kurze Ohren haben muss. Auch dieses Problem ist damit behoben.

3   Der Schlusssatz ist zwar schon bei Erscheinen des Buchs überholt, bleibt aber so stehen. Es ist ja auch mal ganz schön, wenn Texte über bedrohte Tiere nicht nur mit fernen Zukunftshoffnungen enden, sondern Teile dieser Zukunft bereits eingetroffen sind.

Der Beo

Zum beliebten Passat-Café auf der Nordseeinsel Föhr gehörten neben legendären Eisbechern und Kuchen einst auch zwei Beos. Sie bewohnten eine hoch hängende Voliere, die man als Cafébesucherin auf dem Weg zu den Toiletten zwangsläufig passierte. Die meisten bemerkten die Vögel dort zuerst gar nicht – bis diese anfingen, den Leuten etwas hinterherzurufen. »Hallo«, riefen sie, oder auch »Du Süßer«. Aber selbst dann kamen die wenigsten auf die Idee, die Anmache auf die beiden schwarz glänzenden Vögel aus der Familie der Stare zurückzuführen, denn die Stimmen klangen einfach zu menschlich, oder vielleicht sogar übermenschlich, wie aus einem Lautsprecher abgespielt.

Der Name »Beo« ist indonesisch und bedeutet wohl so etwas wie Quasselstrippe, Plappermaul oder Labertasche. Beos können menschliche Stimmen beeindruckend imitieren. Sie können aber auch klingeln wie ein Telefon, bellen wie ein Hund oder quietschen wie eine schlecht geölte Tür. Fast so, als hätten sie ein Aufnahmegerät verschluckt. Im Passat-Café hatten sie sich unter anderem auf das unangenehme Quietschen spezialisiert, das entsteht, wenn Besucher von Tisch aufstanden und ihre Stühle hinter sich zurückschoben.

Beheimatet sind Beos aber weder an der Nordsee noch in Caféhäusern, sondern in mehreren Arten in den Wäldern Südostasiens. Auch dort, in freier Wildbahn, wo Beos nicht mit Menschen zusammenleben, ist ihr Ruf- und Singverhalten speziell. Wie alle Vögel lernen sie unterschiedliche Rufe von älteren Kollegen aus ihrer Umgebung, und wie bei anderen Vögeln auch führt das dazu, dass sich lokale Dialekte in Vogelpopulationen herausbilden. Da die Beos aber so exakte Imitatoren mit solch bemerkenswerten stimmlichen Fähigkeiten sind, ist dieses Phänomen bei ihnen ganz besonders ausgeprägt. Beos, die weiter als 15 Kilometer voneinander entfernt leben, können sich kaum mehr miteinander verständigen. Talente können also auch Nachteile mit sich bringen.

Ihre fast einmaligen stimmlichen Fähigkeiten haben Beos auch zu einem beliebten Haustier gemacht, mit dem man Gäste prima überraschen und beeindrucken kann. Auch das ein Verhängnis. Schon im 19. Jahrhundert brachten Seefahrer gern Beos mit nach Europa und Amerika, und auch in ihrer Heimat selbst ist die Haltung der Tiere als Glücksbringer, Gesangskünstler und Entertainer populär. Lange Zeit war das kein großes Problem. In den 90er-Jahren aber wurden derart viele Beos für die wachsende Nachfrage nach lustigen sprachbegabten Vögeln eingefangen, dass ihr Bestand drastisch einbrach. Hinzu kam die übliche Zerstörung von Lebensräumen.

Von einigen Inseln sind Beos heute beinahe verschwunden. Seit 1997 ist der internationale Handel mit ihnen durch das Washingtoner Artenschutzabkommen geregelt. In ihrer Heimat werden sie aber weiterhin gerne als Käfigvögel gehalten.

Dabei ist inzwischen eigentlich nur kontrollierter und nachhaltiger Handel mit Beos erlaubt. Wie das gehen kann, zeigen zum Beispiel die Garo, ein indigener Volksstamm im Grenzgebiet von Nordost-Indien und Bangladesch. Sie züchten Beos in ihrem natürlichen Lebensraum, indem sie selbst Nester bauen, die den Vögeln gefallen und von ihnen angenommen werden. Aus diesen gut erreichbaren Nestern können dann Jungvögel herausgeholt und mit der Hand aufgezogen werden. Für die Garo ist das ein auskömmliches Gewerbe, bei dem sie die Zahl der Beos stabil und deren Lebensraum intakt halten.

In Zoos ist die Nachzucht von Beos hingegen schwierig, was daran liegt, dass Beos in der Liebe Romantiker sind: zuerst anspruchsvoll in der Partnerwahl und dann auch noch monogam. In Folge sind sie nicht nur aus der Natur, sondern auch aus den Zoologischen Gärten beinahe verschwunden. Glücklicherweise gibt es auch einige engagierte Privathalter, denen immer wieder eine Nachzucht gelingt.

Wegen seiner prekären Verhältnisse wurde der Beo im Jahr 2020 in Deutschland zum »Zootier des Jahres« erklärt. Seitdem wird im Vogelpark Marlow nahe der Ostsee eine zentrale Beo-Partnervermittlung aufgebaut. Alleinstehende Beos können dort die große Liebe finden und werden, wenn das geklappt hat, anschließend wieder auf Zoos und Tiergärten verteilt, wo sie für Beo-Nachwuchs sorgen können. Die Zoos wiederum unterstützen mit ihren Einnahmen Beo-Schutzprojekte in Indonesien. Damit die Labertaschen sich bald wieder erholen.

Der Biber

Die Biberisierung des Abendlandes schreitet unaufhaltsam voran. Waren die Riesennager lange Zeit bei uns praktisch komplett verschwunden, machen sie sich zunehmend wieder breit. Sie errichten ihre Biberburgen in Naturschutzgebieten ebenso wie an Kanälen zwischen Äckern und Weiden, ja sogar vor den dicht besiedelten Zentren der Großstädte machen sie nicht halt – selbst im Berliner Innenstadtbezirk Friedrichshain-Kreuzberg haben sie sich niedergelassen. Mitten in der Spree, auf der Liebesinsel. Wo sie mutmaßlich den ganzen Tag herumbibern, was das Zeug hält. Nachts dagegen ziehen sie dann um die Häuser und nieten reihenweise Bäume um. So putzig!

Dabei ist der Biber eigentlich nur eine Art Ratten-Upgrade. Mit seinen bis zu 1,35 Metern Länge (Biberschwanz inklusive) und moppeligen 30 Kilo ist er das größte Nagetier der Holarktis, also quasi der gesamten nördlichen Hemisphäre. Ein großes Nagetier mit allerdings deutlich besserer PR als seine Ratten-Verwandten. Vielleicht liegt es am Schwanz, der zwar auch nackt ist, aber dafür so schön platt, wie Ratten es höchstens nach der Begegnung mit einem Auto auf der Straße hinbekommen. Warum auch immer – irgendwie findet jeder den Biber niedlich. Außer Förstern und Landwirten vielleicht.

Denn zimperlich ist der Biber nicht. Er bedient sich in der Saison nicht nur schamlos an allem, was in Reichweite wächst, egal ob Gräser oder Mais und Möhren, im Umfeld seiner Wohngewässer bringt er auch Baum um Baum zu Fall, in mitunter bewundernswerter Konsequenz und Ausdauer, wenn er wochenlang an uralten Prachtbäumen herumnagt. Und warum? Weil er ein verdammter Feinschmecker ist! Wenn ihm die normal erreichbare Nahrung zu holzig erscheint, fällt er einfach hohe Bäume, um an die zarteren Ästchen und Triebe weiter oben heranzukommen. Was zu Diskussionen darüber führt, ob der Biber überhaupt etwas in unserer Kulturlandschaft zu suchen hat. Oder gar in unseren Städten. Dabei geht er doch optisch zwischen Bohemians, Ökos, Islamerern, Hipstern und Agenturgestalten einfach nur als pelziger Freak glatt durch. Und mit seinen exaltierten Nahrungsvorlieben passt er allerbestens zu all den Veganern, Flexitariern und Glutenphobikern.

Ganze 4000 Kilo Holz werden pro Jahr und Biber zerlegt und zerraspelt. Was, man muss es leider so sagen, mitunter zu wütender Biberkritik führt. Schon wird die Bejagung der Tiere gefordert. Oder zumindest ihre Vergrämung.

Dabei ist das Biber-Comeback eine kleine Öko-Sensation. In Europa war er schon praktisch ausgerottet, denn er wurde über Jahrhunderte gejagt und gegessen. Damit gute Christenmenschen vor Ostern nicht zu sehr aushungern, erklärte man den Wassersäuger kurzerhand zu Fisch und damit zur Fastenspeise. Auch sein dichter Pelz und sogar das als Wundermittel gehypte Bibergeil, ein Sekret aus einem runzligen Beutel, der ihm zwischen After und Geschlechtsteilen herumbaumelt, wurden gewinnbringend vermarktet. In der ersten Hälfte des 20. Jahrhunderts waren vom einstmals großflächigen Vorkommen von Portugal bis zum Ural lediglich vier letzte Biberbastionen geblieben, darunter ein paar Handvoll Tiere an der Mittleren Elbe als letztes deutsches Vorkommen.

Erst durch strenge Schutzmaßnahmen und das gezielte Auswildern von in Zoos und Naturschutzstationen gezüchteten Bibern gelang die Wiederansiedlung. Mit beachtlichem Erfolg: Zumindest in Ost- und Süddeutschland sind inzwischen wieder alle nutzbaren Lebensräume ausreichend bebibert.

Dem Ärger über gefällte Bäume und geplünderte Felder kann man übrigens mit recht einfachen Schutzmaßnahmen vorbeugen. Und ansonsten ist das Wirken des Bibers sogar segensreich. Er bringt uns mit seinen immer leicht anarchischen Aktionen ein Stück Natur zurück. Lange Planfeststellungsverfahren? Nicht mit dem Biber! Wenn ihm eine Wohnumfeldverbesserung angemessen scheint, setzt er sie einfach schnurstracks um. Durch das Errichten von Staudämmen sorgt er dafür, dass er immer ein paar Handbreit Wasser über seinem Kiel hat, denn er besteht darauf, dass die Eingänge zu seiner Biberburg im Tauchgang zu erreichen sind. Mit den so entstehenden Dämmen und Stauseen schafft er nicht nur einen natürlichen Hochwasserschutz, sondern auch massenhaft Lebensraum für bedrohte Arten wie Molche und Libellen, die sich ihre Tümpel nicht mal eben einfach selbst bauen können – er ist also im besten Sinne solidarisch. Und internationalistisch sowieso. Grenzen scheren ihn nicht, er bibert von Flusssystem zu Fluss-system herum und verbindet sich mit seinen Artgenossen, wo immer sie ihm begegnen. Sogar für Romantiker ist er ein Vorbild, denn der Biber lebt streng monogam. Wir soll-ten ihn also preisen, den Biber – unseren pelzigen Freak mit Herz und Biss!

Der Blutegel

Als Tier den Namen »Blutegel« zu tragen ist erstmal kein Vorteil, setzt er sich doch aus gleich zwei problematischen Begriffen zusammen: *Blut* und *Egel*. Letzteres erinnert an »Ekel«, und dies in Verbindung mit »Blut«: Naja, wie gesagt. Problematisch. Nicht hilfreich ist darüber hinaus das durch zahlreiche Historienfilme geprägte Bild eines bäuchlings liegenden Menschen, auf dessen Rücken sich dickliche saugende Egel winden. Das hat etwas Vampirisches. Nein, Entschuldigung, das *ist* vampirisch. Allerdings ist es auch vollkommen korrekt: Blutegel saugen Blut und werden in der Medizin genau dafür eingesetzt. Seit Ewigkeiten.

Die Idee dahinter ist zum einen der Aderlass, also die Entnahme von Blut. Im Gegensatz zum einfachen Aderlass per Schnitt oder durch Schröpfen saugen die Egel aber nicht einfach nur Blut, sie geben durch ihren Speichel auch etwas zurück. Dabei handelt es sich vor allem um das Hirudin, das die Blutgerinnung hemmt. *Hirudo,* genauer *Hirudo medicinalis,* ist denn auch der lateinische Name des Blutegels, und so genannt klingt das Tier gleich neutraler und weniger abschreckend.

Doch auch, wenn man »Blutegel« durch »Hirudo« ersetzt, löst die Aussicht »durch den Speichel etwas zurückzubekommen« bei Zeitgenossen nicht automatisch Entzücken aus oder die Erwartung von etwas Angenehmem, wobei das Angenehme bei medizinischen Behandlungen ja auch selten im Vordergrund steht. Historisch jedenfalls gehört die Blutegeltherapie zu den ältesten überlieferten Heilmethoden überhaupt und spielte dementsprechend über Jahrhunderte eine bedeutende Rolle in der Medizin. Schon aus tiefsten vorchristlichen Zeiten ist sie übermittelt, aus arabischen, antiken griechischen, indischen und ägyptischen Quellen.

So richtig egelig hoch her ging es aber vor allem im frühen 19. Jahrhundert in Europa. Ein französischer Arzt, der sehr einflussreich die Theorie vertrat, dass eigentlich alle Krankheiten von Entzündungen ausgelöst würden, setzte so sehr auf Aderlass und Blutegel, dass – na, was wohl: die guten Hirudos irgendwann weggenutzt waren.

Und davon haben sich die Bestände auch nie wieder richtig erholt.

Der Hirudo steht in europäischen Staaten deshalb unter Naturschutz. Hier und dort gibt es wohl noch kleine Populationen. Dabei stellen Blutegel gar keine großen Ansprüche an ihren Wohnraum; man liebt es eigentlich nur ruhig, nass und schlammig. Die erwachsenen Tiere wachsen auf bis zu 15 Zentimeter Länge heran und haben für Würmer eine lange Jugend und ein langes Leben: Erst mit drei werden sie geschlechtsreif, und sie können dreißig Jahre alt werden. Sie haben fünf Augenpaare, drei Kiefer und insgesamt fast hundert Zähne. Mithilfe sehr feiner Tastorgane merken sie, wenn irgendwo Bewegung in ihr stilles Gewässer kommt; das deuten sie dann als herannahendes Futtertier und schwimmen dorthin, saugen sich, wenn die Prognose richtig war, an der Beute fest, sägen deren Haut mit den vielen feinen Zähnchen auf und fangen an zu trinken. Wenn man sie das lange genug tun lässt, das heißt, so eine halbe, dreiviertel oder ganze Stunde, sind sie danach pappsatt und aufs Vier- bis Fünffache ihres vorherigen Gewichtes angeschwollen. Sie lassen sich dann von ihrem Wirt abfallen und haben fürs kommende Jahr erstmal keinen Hunger mehr.

Wie unfassbar praktisch! Wie viel Zeit könnte man sparen, wenn man nur einmal im Jahr einkaufen, kochen und essen müsste. Ein ganzer Monat extra käme da zusammen! Na gut, zwischenzeitlich wäre man kugelrund und würde weder in seine Hosen noch durch Türen hindurch passen, aber darauf könnte man sich sicher irgendwie einstellen.

Medizinisch spielt der Blutegel heute keine große Rolle mehr. Bei Hauttransplantationen werden seine Dienste aber noch manchmal in Anspruch genommen, und auch im Bereich der Naturheilverfahren, wo das Uralte ja immer das Gute ist, setzen viele weiterhin auf Egeltherapie. So kommt es, dass die Hirudos, in der Natur zwar selten geworden, als offiziell zugelassene Fertigarzneimittel gezüchtet werden und über Apotheken zu beziehen sind. So zwischen 6 und 10 Euro kostet der Egel, meist gibt es Mengenrabatt.

An dieser Stelle wollen wir nicht verschweigen, dass die Zucht von Blutegeln, ob kommerziell oder als Hobby, so ihre Eigenheiten hat. Und das liegt natürlich an der Fütterung. Denn Blutegel, das wissen wir ja, essen Blut. Nun lässt sich beim Metzger durchaus Rinder- oder Schweineblut kaufen, aber dieses an und in die Egel zu bringen, kann mühsam sein, denn Blutegel wollen das Blut nicht irgendwo auflecken; sie wollen es frisch gesaugt. Auch dafür kann man sich so allerlei einfallen lassen, Konstruktionen mit blutgefüllten Schweinedärmen, Kondomen oder Ballons und andere Ideen, die unterschiedlichen Aufwand und unterschiedliche Nachteile mit sich bringen. Nicht selten landen gerade Hobbyzüchter deshalb früher oder später bei der einfachsten und offensichtlichsten Methode: der Fütterung am eigenen Körper. Am besten an den Innenseiten des Unterarms. Ein kurzer Anfangsschmerz vergeht schnell, denn die Egel betäuben freundlicherweise die Haut an der Bissstelle. Durch die gerinnungshemmenden Eigenschaften des Hirudins blutet die Stelle noch ein, zwei Tage nach, was vielleicht nervt, aber allzu oft muss sich so ein Hirudo ja nicht sattsaugen.

Einen Haustier-Egel darf man als Halterin natürlich füttern, so oft man möchte, zur offiziellen medizinischen Behandlung darf jeder Hirudo aus Hygienegründen aber nur einmal benutzt werden. Danach muss man ihn leider töten. Einige Züchter haben deshalb Rentnerteiche (ja, so heißen die wirklich) für bereits verwendete Egel eingerichtet, in denen die Tiere bis zu ihrem natürlichen Ende weiterleben dürfen. Wegen der Gefahr, dass kontaminiertes Blut von dort sonstwohin gelangen könnte, wurden solche Anlagen zeitweilig verboten, aber nach Protesten von Hirudo-Freunden fand man schließlich einen Kompromiss mit den Behörden: Die Egel müssen jetzt zuerst acht Monate lang in Quarantäne. Danach dürfen sie Rentner werden im Rentnerteich.

Der Darwinfrosch

Männer mit Bauch bevorzugt! In den Wäldern Patagoniens, ganz im Süden von Südamerika, ist es kühl, nass und ungemütlich – genau das richtige Klima für den Darwinfrosch. Die kleinen, nur drei Zentimeter langen Fröschchen wurden einst von Charles Darwin, dem Vater der Evolutionstheorie, höchstselbst bei seiner berühmten Umsegelung der Welt eingesammelt und später zu seinen Ehren benannt. Sie heißen auch Nasenfrösche – wenn man sie anguckt, weiß man auch sofort, warum. Ein kleiner Hautzipfel als Verlängerung der Schnauze lässt sie tatsächlich aussehen, als hätten sie eine kleine Nase. Wie alle anderen Frösche haben aber auch die Nasenfrösche nur zwei Nasenlöcher auf der Schnauze. Der Hautzipfel dient, ebenso wie diverse weitere Nuppel und Huppel auf dem insgesamt etwas verwachsen wirkenden Frosch, der besseren Tarnung, wenn er im Laub auf dem Waldboden sitzt. Die perfektioniert er noch, denn je nach Untergrund ist der Darwinfrosch mal grün, mal braun und mal braungrün gefärbt.

Zig Millionen Jahre hat das gereicht, um gut durch die Evolution zu kommen. Doch im zwanzigsten Jahrhundert ging es dem Darwinfrosch aller Tarnung zum Trotz an die Nase. Sein Lebensraum, der kalte patagonische Regenwald, wird großflächig abgeholzt. Gleichzeitig breitet sich ein geheimnisvoller Pilz aus, der für die Frösche tödlich ist. Seinen nördlichen Verwandten, den Halbschwimmer-Nasenfrosch, scheint es schon erwischt zu haben. In den letzten zwanzig Jahren haben zig Wissenschaftler und Artenschützer versucht, die früher zwischen Valparaíso und Concepción weit verbreiteten Frösche zu finden – ergebnislos. Die Art ist vermutlich bereits ausgestorben. Und auch die Bestände des Darwinfrosches schrumpfen bedrohlich. In Chile werden die Tiere nun in Zuchtstationen vermehrt, um zu verhindern, dass auch diese Art noch ausstirbt.

Das wäre fatal, denn die Darwinfrösche haben ein einzigartiges Fortpflanzungsverhalten entwickelt. Dabei ist aus Darwinfrosch-Sicht alles sehr plausibel. Es fängt an damit, dass die Froschmännchen nach einem Weibchen rufen. Das Wort »Quaken« trifft es nicht so recht – der Froschmann flötet eher wie ein eingeschüchterter Vogel. Hat er eine Partnerin damit angelockt, ist das Liebesglück aber noch keineswegs gesichert. Zunächst betasten die angehenden Hochzeitspartner einander – im wahrsten Sinne des Wortes. Sie betatschen ihre Nasen und Rücken. Doch dann tritt das Weibchen plötzlich mit der vollen Kraft eines hinteren Sprungbeins zu. Hat der Verehrer die Geduld der Angequakten überstrapaziert? Ihm zu oft auf die Nase gepatscht? Keineswegs! Je nachdem, wie schwer es ist, fliegt das Männchen nach dem Tritt in hohem Bogen davon oder rumpelt nur ein bisschen überrascht über den Boden. Das Flugverhalten des Verehrers gibt dem Weibchen Aufschluss über dessen Gewichtsklasse – was man halt macht, wenn eine Waage gerade nicht zur Hand ist.

Grund des ungewöhnlichen Romantik-Rituals: Um die Kaulquappen muss sich später das Männchen kümmern. Und das ist harte Arbeit, für die es vorteilhaft ist, wenn es ordentlich Reserven aufweist, also möglichst moppelig daherkommt. Hat das Männchen den Gewichts-Check überstanden, kommt es zum sogenannten Amplexus. Dabei klammert es sich auf der Partnerin fest. Die beiden ziehen sich diskret in eine kleine Höhle im Moos oder auf dem feuchten Boden zurück. Dort setzt das Weibchen den Laich ab, ein kleines Gelege von zehn bis fünfzehn Eiern, die anschließend vom Männchen befruchtet werden. Danach trennen die beiden sich.

Für die stolze Mutter ist die Sache damit erledigt, doch auf den Vater kommt jetzt erst die richtige Arbeit zu, auch wenn er sich auf ein paar Insekten danach erst noch einmal für ein paar Tage in den Wald verzieht. Das Gelege liegt derweil in einem feuchten Versteck verborgen, die Eier entwickeln sich. Nach ein paar Tagen schlüpfen die Kaulquappen, und wie auf ein geheimes Zeichen kommt das Männchen zurück in das Versteck. Vermutlich wird der Vater von chemischen Lockstoffen herbeigerufen, die auf Nasenfroschmännchen wirken wie auf Menscheneltern Babygeschrei: Man lässt alles stehen und liegen, um sich umgehend um den Nachwuchs zu kümmern.

Die Reaktion des Darwinfroschmännchens ist dann allerdings doch ein wenig anders als bei uns: Es nimmt die Quappen in sein Maul, schluckt sie einfach runter – und schon ist Ruhe. Keine besonders erfolgversprechende Strategie, um viel Nachwuchs großzukriegen, könnte man meinen. Die Kaulquappen landen aber nicht im Magen, sondern

Ein prekäres Bestiarium

im Kehlsack des Männchens, wo eine richtige Kinderstube für sie bereitsteht. Dort bleiben sie sicher vor allen Feinden geschützt und fressen Nahrung, die das Männchen in seinem Kehlsack selbst produziert. So wachsen die Larven heran, während der Vater sie durch den Wald schleppt, und nach einigen Wochen ist es dann soweit: Die Kaulquappen verwandeln sich in einen fertigen Jungfrosch. Nun wollen sie nach draußen.

Was folgt, sieht so aus, als habe der Vater schlimmen Schluckauf und müsse sich übergeben. Aber schon ist ein erster fertiger Jungfrosch auf die Welt gespuckt! Die Geschwister folgen nach und nach und hüpfen dann einfach davon. Fertig – für den Vater ist die Arbeit nun erledigt. Die Kleinen müssen fortan selbst sehen, wie sie sich ein paar Fliegen oder Würmer fangen und zu einem kräftigen Darwinfrosch heranwachsen. Bis sie eines Tages selbst antreten müssen zum seltsamen Flugeigenschaftstest …

Die Deserta-Tarantel

Wir wollen hier nicht gleich zu Beginn über Arachnophobie, die Angststörung vor Spinnen, reden (huch, schon passiert …), sondern lieber mal mit biologischer Systematik beginnen, allein schon, weil sie so viele hübsch klingende Begriffe bereithält. Also:

Als Spinne gehört die Deserta-Tarantel ganz grob in die *Klasse* der *Spinnentiere*, lateinisch *Arachnida* (daher auch die Arachnophobie), die ihrerseits zu den *Gliederfüßern* gehören. Im Gegensatz zu Insekten (die auch Gliederfüßer sind) haben Spinnen aber acht Beine und einen zweigliedrigen Körper (der von Insekten ist dreigliedrig). So. Innerhalb ihrer Klasse gehört die Deserta-Tarantel nun zur *Ordnung* der *Webspinnen* (wobei nicht alle Webspinnen Spinnennetze weben!), *Unterordnung*: *Echte Webspinnen*. Diese etwas irritierenden *Echten* Wesen begegnen einem auch anderswo in der biologischen Systematik, so gibt es unter anderem auch »Echte Krokodile«, »Echte Schweine« und »Echte Frösche«; irritierend deshalb, weil damit die Existenz anderer, *unechter* Kreaturen nahegelegt wird, was wiederum so klingt, als wären diese nur virtuell oder sonst irgendwie ausgedacht.

Unterhalb der *Ordnung* kommt nun die *Familie*, und da gehört unsere Deserta-Tarantel zu der der *Wolfsspinnen* (was nun wirklich ein bisschen bedrohlich klingt, man sieht sofort den passenden Horrorfilm vor sich – »Rotkäppchen und der Angriff der mutierten Wolfsspinne«, oder sowas in der Art). Tatsächlich sind Wolfsspinnen kräftig, langbeinig und behaart (wie Wölfe also). Wie die meisten Webspinnen haben auch Wolfsspinnen nicht nur acht Beine, sondern auch acht Augen (was Wölfe nun definitiv nicht haben), die in drei Reihen übereinander angeordnet sind, wobei die oberen Reihen aus größeren Augen bestehen als die unteren. Und, ja, damit sehen sie ganz ausgezeichnet und für unsere Vorstellungswelt auch ungewöhnliche Dinge, wie zum Beispiel die Polarisierung des Lichts.

In der Brutpflege sind Wolfsspinnen recht fürsorglich: Für die Eier legen sie einen Kokon an, den das Weibchen mit sich herumträgt und energisch verteidigt. Wenn es denn so weit ist, hilft die Mutter beim Schlüpfen, indem sie den Kokon aufbeißt. Danach krabbeln die vielen kleinen Spinnlein sogleich auf ihren Rücken und halten sich an ihren Haaren fest, während die Mutterspinne nach einem geeigneten Ort sucht, an dem der Nachwuchs selbstständig werden kann.

Unter den Wolfsspinnen ist nun die Deserta-Tarantel die größte. Auf der ganzen weiten Welt. Was etwas überraschend ist, weil ihr Habitat, ihr Lebensraum, nämlich ganz klein ist. Sie lebt einzig und allein auf Deserta Grande, einer zehn Quadratkilometer großen Insel im Nordatlantik, südöstlich von Madeira. Es ist also eine portugiesische Spinne. Dort lebt sie aber auch nicht auf der gesamten Insel, sondern nur in einem Tal von circa 2,8 Kilometern Länge, dem Vale da Castanheira. Damit ist die Deserta-Tarantel ein ziemlich extremer Endemit, was in der Biologie das Gegenteil des Kosmopoliten ist, ein Tier also, das nur in einem eng begrenzten Gebiet zu finden ist. In diesem kleinen Tal baut sich die Deserta-Tarantel kleine Wohnröhren in Felsspalten, wo sie ihrer Beute auflauert (Käfern, Tausendfüßlern und sogar kleinen Eidechsen), denn wie die meisten Wolfsspinnen lebt auch die Deserta-Tarantel freilaufend und spinnt sich keine Fangnetze. In ihrem kleinen Lebensraum hat die Deserta-Tarantel kaum Fressfeinde (lediglich Vögel holen sich manchmal eine Jungspinne), vielmehr steht sie dort selbst an der Spitze der Nahrungskette.

Dennoch ist die Deserta-Tarantel von der Ausrottung bedroht und wird von einigen Zoos mit spezialisierten Zuchtprogrammen davor gerettet. Das liegt vor allem an einem invasiven, also eingeschleppten Gras, das überall auf der Deserta-Insel wächst. Besonders der Spinnennachwuchs hat dadurch Probleme, den bevorzugten Wohnraum in den Felsspalten zu erreichen, die nunmehr vom Gras überwuchert und damit schwer zugänglich geworden sind. Hinzu kommen ebenfalls eingeschleppte Tiere wie Ziegen und Mäuse. Inzwischen sind zwar alle Inseln der Deserta-Inselgruppe Sperrgebiet und mit einer biologischen Forschungsstation ausgestattet (auf den anderen Inseln leben noch weitere bedrohte Tierarten, wie der Kanarenstieglitz und die Mittelmeer-Mönchsrobbe, von denen es weltweit nur noch wenige hundert Exemplare gibt), doch die Schäden lassen sich nur mühsam begrenzen und wiedereinfangen.

Generell ist die Ex-situ-Zucht von Spinnen nicht ganz einfach, da sie hoch aggressiv sind und sich in Terrarien schnell gegenseitig fressen. Mittlerweile haben aber mehrere Zoos Zuchterfolge vorzuweisen, wobei Pionier bei den Deserta-Taranteln der Zoo von Bristol war.

Angesichts der obenstehenden biologischen Klassifizierungen fragt sich die aufmerksame Leserin mittlerweile vielleicht, wo denn zwischen den Begriffen Webspinne und Wolfsspinne nun eigentlich die »Tarantel« ihren Platz hat, denn schließlich heißt unser Tier ja nicht »Deserta-Wolfsspinne«, sondern eben »Deserta-Tarantel«. Nun, der Name »Tarantel« ist biologisch nicht präzise und hält sich eher als populärer Überbegriff für große Spinnen. Carl von Linné hatte ihn einstmals als Gattungsbegriff eingeführt und den Namen von der Stadt Tarent im italienischen Apulien abgeleitet, wo die von ihm beschriebene Apulische Tarantel beheimatet ist. Dem Biss dieser Tiere wurde früher die Ursache für die Tanzwut zugeschrieben, ein Phänomen, bei dem Menschen einzeln oder gleich in Gruppen sich bis zum Zusammenbruch drehten, tanzten und zappelten. Bis heute ist nicht vollständig geklärt, wie dieses vorwiegend im 14. und 15. Jahrhundert aufgetretene Massenphänomen zustande kam. Aber als eine Heilmethode galt es, den unkontrollierten in einen kontrollierten und rhythmischen Tanz mit Musikbegleitung zu überführen – die Tarantella.

Und die Arachnophobie? Soll man ja am besten mit einer Konfrontationstherapie in den Griff bekommen. Also: Ab ins nächste Aquarium zur beherzten Spinnenbesichtigung, vielleicht ist ja eine schöne Deserta-Tarantel dabei.

Der Eisbär

Was ließe sich noch Neues sagen über den Eisbären? Ist er doch das unangefochtene Poster- und Flaggschifftier des Artensterbens in Folge von Klimawandel, wie er da so verloren auf einer schrumpfenden Eisscholle herumsteht und noch nichts weiß vom drohenden Schicksal seiner Spezies, dem größten auf Land herumlaufenden Raubtier der Erde.

Dabei geht es den Eisbären durchaus schon lange an den Kragen, im wörtlichen Sinne, denn so ein imposantes Tier war immer schon eine begehrte Jagdtrophäe. Die Jagd wurde ab 1973 durch Quoten beschränkt, da waren die Bestände natürlich schon übel dezimiert, ist ja klar, sonst hätten sich so unterschiedliche Eisbär-Anrainerstaaten wie Kanada, die USA, Dänemark, Norwegen und die Sowjetunion wohl kaum zusammen an einen Tisch gesetzt, um sie zu beschließen.

Diese Maßnahme hat tatsächlich geholfen, die Bären erholten sich. Leider kam dann neue Unbill durch die Förderung von Öl und Erdgas in der Arktis in immer größerem Ausmaß. Besonders störend ist das in jenen Gebieten, in die sich Muttertiere für die Geburt und Aufzucht des Nachwuchses zurückziehen. Aber auch Meeresverschmutzung und Überfischung sind seit den Siebzigerjahren nicht weniger geworden und machen den Eisbären via Nahrungskette zu schaffen.

Und jetzt schmilzt bekanntlich auch noch das Eis. Der Klimawandel trifft die Regionen der Erde nicht gleichmäßig. Manche bekommen Stürme, andere Fluten, und neben den notorischen Hitzewellen könnte es hier und da durch Effekte wie den einer möglichen Abschwächung des Golfstroms sogar zu Abkühlung kommen. Die größte Erwärmung trifft aber die Arktis. Sie heizt sich offenbar doppelt so schnell auf wie der Rest der Welt.

Die Malaise für die Polarbären besteht nun weniger darin, dass sie jetzt schwitzen würden in ihrer schwarzen Haut unter dem dicken weißen Fell. Das Problem ist die Nahrungsbeschaffung. Eisbären fressen Robben. Nur die gelegentliche fette Robbe beschert dem Eisbären die Fettschicht, die er braucht, um sich am Nordpol ohne beheizbare Unterkunft wohlzufühlen und ungerührt durchs eisige Meer zu tauchen. Aber damit Eisbären sich eine Robbe fangen können, braucht es gewisse Voraussetzungen. Nämlich ein Eismeer, in dem diese Robben umherschwimmen, zudem Eisschollen oben drauf, auf denen die Bären sitzen und warten können, bis die Robbe neben ihnen auftaucht. Der sie dann blitzschnell eins überbraten, um sie an Land bzw. auf die Scholle zu ziehen. So machen sie das nämlich. Eisbären sind zwar verdammt gute Schwimmer, aber im Wasser sind die Robben schneller.

Diese Bedingungen schwinden gerade mit den Eisschollen dahin, und so müssen Eisbären immer längere Wege zurücklegen, um sie wieder irgendwo vorzufinden. Auf diesen langen Wegen verlieren sie aber so viel Gewicht, dass sie hinterher auf umso größere Jagderfolge angewiesen sind. Am härtesten trifft dieses Problem die Eisbär-Mütter, denn die müssen sich erstmal ordentlich was anfressen, um sich danach für längere Zeit zum Gebären und Säugen der Jungen zurückzuziehen. Je magerer der Mutterspeck, umso höher die Kindersterblichkeit. Wissenschaftlerinnen rechnen deshalb damit, dass Eisbären bis zum Ende des Jahrhunderts weitgehend ausgestorben sein werden.

Womit sich die Frage danach aufdrängt, wie die Menschheit diesem Szenario begegnet.

An der Haltung von Eisbären im Zoo entzünden sich regelmäßig hitzige Diskussionen, mit Tierschutzbedenken auf der einen und Artenschutzargumenten auf der anderen Seite. Tierschützer behaupten, dass Eisbären kaum artgerecht gehalten werden können und Verhaltensauffälligkeiten entwickeln. Ganz sicher ist Eisbärhaltung keine kleine Herausforderung für einen Zoo; aber einige wie der Wiener Tiergarten Schönbrunn gehen mit neuartigen und vorbildlichen Eisbäranlagen voran.

Dr. Steven C. Amstrup war dreißig Jahre lang Projektleiter für Eisbärforschung der *U.S. Geological Survey* und Vorsitzender der Eisbärenkommission bei der Weltnaturschutzunion IUCN, die unter anderem regelmäßig die Rote Liste gefährdeter Arten erstellt. Er veröffentlichte mehr als 150 Eisbär-Studien und ist heute wissenschaftlicher Direktor von *Polar Bears International*, der weltweit größten Eisbär-NGO.

Dieser beglaubigte Eisbär-Oberchecker, und mit ihm die Organisation *Polar Bears International*, bezieht zum Thema Zoohaltung klare Position: Die Welt braucht eine sichere

Eisbären-Population *ex situ*. Zum einen wegen der medizinischen Erkenntnisse aus Zoos, die Wildtieren zugute kommen. Ein Wissen, das sich laut Amstrup für die schwindenden Eisbären als unschätzbar erweisen kann, denn kleine Wildtierpopulationen sind immer einem höheren Risiko von Epidemien ausgesetzt als solche von gesunder Größe. Vor allem aber deshalb, weil den dezimierten Eisbären eines Tages Inzucht droht. Vom Genpool der Zootiere werden sie dann sehr profitieren können.

Entsprechend den weiteren Wegen, die Eisbären bei Nahrungsknappheit zurücklegen müssen, haben Feldstudien übrigens gezeigt, dass einzelne Tiere und ganze Populationen bei guter Robbenversorgung gern auch sesshaft sind und gar nicht groß herumwandern. Die langen Wanderungen vieler Bären sind aber ein Hauptargument gegen deren Zoohaltung – das damit auch entkräftet sein könnte.

Auf noch etwas weist Amstrup hin: Der schrumpfende Lebensraum treibt Eisbären schon jetzt in Gebiete, in denen die Tiere mit Menschen zusammentreffen. Siedlungen auf Spitzbergen, Grönland und auf dem russischen Nowaja Semlja bekommen seit einigen Jahren vermehrten Eisbärbesuch. Das führt, verständlicherweise, häufig zu Notwehr. Amstrup plädiert dafür, potenzielle Problembären einzufangen und ihnen in einem modernen Zoo das Weiterleben zu ermöglichen.

Unseren Enkeln im Jahr 2101 ermöglichen wir damit vielleicht, dass sie selbst entscheiden können, wo und wie die Eisbären weiter existieren, in Koexistenz mit uns Problemmenschen.

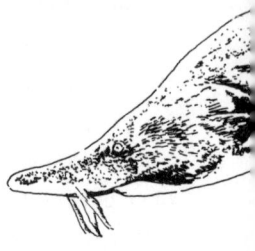

Der Europäische Stör

Anadrom, was bitte soll das denn nun schon wieder sein? Eine neumodische psychische Störung? Noch eine Lebensmittelunverträglichkeit? Ein weiterer Buchstabe für die LGBTQ*-Community? Brauchen wir demnächst etwa noch separate Anadrom-Toiletten?

Nein – ganz ruhig, Brauner.

Doch auch jenseits allen Wutbürgertums ist nicht zu verhehlen, dass man dem Europäischen Stör mit einiger Berechtigung vorwerfen könnte, ein übermäßig kompliziertes Gesamtgebaren an den Tag zu legen. Anadromie – muss das denn wirklich sein? Der Stör lebt im Meer. Kann man ja machen. Aber statt dann auch dort zu bleiben und einfach seinen Stör-Angelegenheiten nachzugehen, kriegt er alle paar Jahre den Rappel und steigt in die Flüsse auf, um sich dort fortzupflanzen. Unterwegs begegnet ihm dann der Aal, der es genau umgekehrt hält. Der ist nämlich katadrom. Könnten die sich nicht irgendwie einigen? Der Aal gibt wenigstens Ruhe, wenn er einmal sein Ziel in der Sargasso-See erreicht hat, da stirbt er nämlich nach dem Laichen. Der Stör aber schwimmt direkt anschließend wieder zurück ins Meer. Ein einziges Hin und Her ist das im Laufe seines immerhin über 60 Jahre währenden Lebens. Und dabei stellt er dauernd nur Ansprüche. Kaum wird irgendwo mal eine Schleuse oder ein Staudamm im Fluss errichtet, stirbt er gleich beleidigt aus. Wenn er nicht zuvor schon auf dem Weg dorthin mit einem Schiff kollidiert und dabei zu Tode gekommen ist. Als hätte er, anders als eben ein Schiff, keine Augen im Kopf! Baut man ihm für teures Geld Wanderhilfen in unsere schönen Querbauwerke, ist er immer noch nicht zufrieden, weil ihm auf der anderen, aufgestauten Seite die Strömung fehlt. Da schwimmt er dann lieber wieder zurück, der feine Stör. Oder lässt sich ablenken von den Kühlwasserzu- und -abflüssen von Kraftwerken. Zufrieden ist er erst, wenn er irgendwo tiefes Wasser mit Strömungsgeschwindigkeiten zwischen 0,8 und 2,0 Meter pro Sekunde über grobem Kies als Bodengrund findet. Angesichts dessen ist es erstaunlich genug, dass der Stör es überhaupt geschafft hat, je irgendwo Laich abzusetzen. Und nicht, dass es hier zu Missverständnissen kommt: Der leckere Laich, also der Kaviar, kommt natürlich nicht vom Europäischen Stör, nicht einmal dafür taugt er. Den müssen schon seine Verwandten aus dem Osten ranschaffen, etwa der Russische Stör oder der Sibirische Stör. Hat der Europäische Stör es nun aber tatsächlich endlich geschafft, seine Eier zu legen, geht es gleich munter weiter mit den Extrawürsten. Die frisch geschlüpften Störe entwickeln sich in den Zwischenräumen der Kiesel. Wird der Fluss also mal ausgebaggert, ist gleich wieder Schluss mit Stör. Andernfalls lässt die Larve sich allmählich flussabwärts verdriften, um dann eine Metamorphose zu durchlaufen und plötzlich vom gemütlich Plankton fressenden, frei herumschwimmenden Fischwesen zum Bodenbewohner zu mutieren, der mit wahnsinnig komplizierten Elektro- und Geschmacks-rezeptoren an eigens dafür entwickelten Gerätschaften, den Barteln, nach Beute sucht. Und was frisst so ein frisch meta-morphosierter Stör? Wenigborster und Zuckmückenlarven! Praktisch ausschließlich, ganze sechs Monate lang. Und wehe, die sind mal nicht da, weil sich zum Beispiel durch eine Flussbegradigung das Sediment verändert.

Nach bis zu zwei Jahren haut er dann endlich in die Mün-dungsbereiche der Flüsse ab – aber bitte nur dort, wo der Salzgehalt nicht höher als 0,8 Prozent ist, sonst ist es auch schon wieder nicht recht. Kaum baut man mal eine Fluss-vertiefung für die Schifffahrt, steigt der Salzgehalt im unte-ren Flusslauf. Wie der Stör darauf reagiert, können Sie sich jetzt ja schon sicher denken. Erst nach bis zu sieben Jah-ren geht er endgültig ins Meer, wo er sich dann prompt als ungewollter Beifang von Trawlern und Baumkurrenkuttern auf Plattfischjagd wieder aus dem Wasser fischen lässt oder diverse Umweltgifte wie DDT, PCB und HCH nicht ein-fach abbaut, sondern über Jahrzehnte in sich ansammelt, bis sie richtig schön schädlich wirken. Die stattliche Erwachse-nengröße von 3,5 Metern Länge und über 300 Kilo Masse oder gar die historischen Rekorde von bis zu 5 Metern, die ihn zu unserem größten einheimischen Fisch machten, er-reicht er so natürlich nie! Es ist ein Trauerspiel.

Kein Wunder also, dass *Acipenser sturio* nicht mehr wie einstmals *Gemeiner Stör* heißt. Seine Bestände sind schon gegen Ende des 19. Jahrhunderts dramatisch zurückge-gangen. Heute nennt man ihn nur noch *Europäischer Stör*. Aber auch dieser Name ist längst schon wieder überholt. In Deutschland, wo er einst in der Nordsee und ihren Zu-

Der Feldhamster

Die Gefährdung und das Aussterben einer Tierart können viele Gründe haben. Manche Tiere sind da anfälliger als andere, zum Beispiel solche mit kleinem Verbreitungsgebiet, Inselbewohner, Nahrungsspezialisten oder Arten mit schwierigem Fortpflanzungsverhalten – wie also konnte es bitteschön einem so unverwüstlichen, anpassungsfähigen und weit verbreiteten Tier wie unserem Feldhamster derart an den Kragen gehen?

Von Belgien bis nach Sibirien und in den Nordwesten Chinas hinein kommt der Feldhamster vor, und eigentlich ist er ein typischer Kulturfolger, wie sein Name schon sagt, denn Felder sind schließlich menschengemacht. Bevor es Felder gab auf der Welt, war der Hamster ein Steppenbewohner, der es mild, trocken und sandig mochte. Die landwirtschaftliche Nutzung seines Lebensraums hat ihn lange gar nicht gestört; im Gegenteil, waren die Felder der Menschen doch für ihn wie ein gedeckter Tisch voll nahrhafter Leckereien und boten vielseitige Verstecke vor Feinden noch dazu.

Bis in die 1970er-Jahre hinein waren die heimischen Hamster in Teilen Deutschlands so verbreitet, dass sie sogar als Schädlinge galten und zusätzlich zur üblichen Jagd manchmal auch noch gezielt vernichtet wurden, bevor sie ein ganzes Rübenfeld in rasender Geschwindigkeit leergefressen hatten. Da konnte er noch so putzig sein, der Hamster hatte einen schlechten Ruf bei den Landwirten.

Bejagt wurde er aber seines Fells wegen. Die meisten von uns kennen Hamster ja nur noch aus Käfigen in Kinderzimmern. In denen sitzen aber eher kleine, gelbe Goldhamster – eine ganz andere Art, die eigentlich in Vorderasien heimisch ist. Unsere einheimischen Feldhamster dagegen erreichen mit bis zu 35 Zentimeter eine ganz ordentliche, meerschweinchenhafte Körperlänge und haben ein auffallend buntes Fell: rötlich-gelber Kopf, gelbbrauner Rücken, weiße Kehle, gelbe Wangenflecken und ein dunkler, beinahe schwarzer Bauch (wobei es als seltene Farbvariante auch komplett schwarze Hamster gibt, in Deutschland kommen diese vor allem in Thüringen vor). Die Verarbeitung von Hamsterfellen zu kuscheligen Decken und Mänteln war im zwanzigsten Jahrhundert weithin üblich und regional sogar ein wichtiger Wirtschaftsfaktor. Besonders in den Fünfzigern boomte die Hamsterfellproduktion, allein in der DDR wurden 1958 weit über zwei Millionen Hamstern das Fell über die Ohren gezogen. Im Fortbestehen seiner Art hat das dem Feldhamster jedoch nichts anhaben können.

Der plötzliche Einbruch kam Ende der Siebzigerjahre. Und das hängt, ganz wesentlich, nicht mit Pelzmänteln, sondern mit den massiven Veränderungen in der Landwirtschaft zusammen. So lassen effiziente Erntemaschinen keinen Stängel auf den Feldern übrig und schreddern überdies sämtliche Kleintiere gleich mit. Wer das überlebt, findet in der zurückbleibenden Erdwüste keine Deckung vor Fress-feinden mehr. Neu gezüchtete Getreidekulturen reifen schneller und früher heran, sodass die Hamster sich nicht rechtzeitig einen ausreichenden Vorrat für die Winterruhe anlegen können, denn das tun Hamster ja nun ganz de-zidiert, dafür sind sie sprichwörtlich berühmt: fürs Hams-tern mit den Hamsterbacken. Die sind aber auch wirklich ganz erstaunlich: 60 Gramm Körner können die selbst nur 200 bis 650 Gramm schweren Nager in diesen dehnbaren körpereigenen Taschen in ihre Baue schleppen. Man stelle sich vor, unsereins würde einen Einkauf von zehn Kilo Ge-wicht vom Supermarkt nach Hause in den Backen trans-portieren; das wären mal echte Hamsterkäufe, die diesen Namen verdient hätten! Jedenfalls schleppen die Hamster also mit ihren Wunderbacken haltbare Nahrungsmittel in ihre unterirdischen Baue, um sie später, in kurzen Wach-phasen während ihrer Winterruhe, zu fressen. Fallen diese Vorräte zu klein aus, verhungern die Hamster im Winter unter der Erde.

Einschub zu den ebenfalls bemerkenswerten Bauen – Hamster bevorzugen eine Drei-Zimmer-Wohnung: Das Nestzimmer polstern sie sich schön gemütlich mit Heu, Blättern und Haaren aus, daneben haben sie eine separate Vorratskammer und schließlich noch ein Klo. In den Bau führen mehrere flache Eingänge und zusätzlich noch ein paar steile Fallröhren, die der Hamster schnell erreichen möchte, wenn Gefahr droht. Außerdem bauen die Hamster separate Sommer- und Winterquartiere. Gut bauen lässt es sich vor allem in Lehm- und Lössböden mit ausreichender Tiefe. Bei diesem ganzen Gebuddel entstehen beachtliche unterirdische Gangsysteme, mit denen der Hamster für Bodendurchlüftung, Humusbildung und eine Durchmischung der Erdschichten sorgt; zudem finden auch andere, kleinere Tiere und Insekten dort ein Zuhause – all das fehlt natürlich ebenfalls, wenn die Hamster fehlen.

Zurück zur industriellen Landwirtschaft und zu ihren fatalen Auswirkungen auf den Feldhamster. Neben Maschinen und veränderten Erntezeiten haben auch die riesigen Monokulturen ihren Anteil am Hamsterschwund. Wenn es nur noch Mais oder nur noch Weizen zum Frühstück, Mittag und Abendbrot gibt, dann passiert einem Hamster das, was auch uns passieren würde: Er bekommt Mangelerscheinungen. Diese äußern sich dann auch in verkleinerten Würfen und hoher Sterblichkeit der Junghamster. Die Abwärtsspirale ist in Gang gesetzt.

Eine ganze Menge Unbill ist das schon mal, und dabei haben wir über Pestizide und Flächenversiegelung noch gar kein Wort verloren. Die Weltnaturschutzunion stuft den Feldhamster inzwischen als »vom Aussterben bedroht« ein. Bei uns ist er schon kaum mehr anzutreffen, aber auch in den östlicheren Verbreitungsgebieten sind die Hamsterzahlen stark rückläufig. In Deutschland und international gibt es deshalb mittlerweile mehrere Feldhamster-Zucht- und Wiederauswilderungsprogramme verschiedener zoologischer Gärten. Das Gute bei einem heimischen Tier ist natürlich, dass die Auswilderung weder lange Wege noch große Kooperationsprogramme zwischen verschiedenen Kontinenten erfordert. Die Hamster können quasi direkt hinterm Haus wieder auf Wiesen und Felder gesetzt werden, am besten dort, wo es noch eine bestehende Population

　　　　　　　　　　　Ein prekäres Bestiarium

gibt. Damit sorgt man für Nachschub, was auch für die genetische Hamstergesundheit wichtig ist.

Von einer hamsterfreundlicheren Landwirtschaft würden selbstredend noch eine Menge weiterer Kreaturen profitieren; Hasen etwa, zahlreiche Vogel- und unzählige Insektenarten. Bei einer echten ökologischen Landwirtschaft geht es deshalb auch nicht einfach nur darum, dass Konsumenten ein bisschen weniger Gift oder zwei Vitamine mehr in ihrem Gemüse vorfinden. Es geht ums Überleben ganzer Arten.

Der Feuersalamander

Vorkommen in Dortmund, dazu ein kräftiges, glänzendes Schwarz und leuchtend gelbe Flecken auf einem eidechsenartigen Körper – ganz klar, das muss der Borussen-Salamander sein!

Merkwürdigerweise heißt er in Wirklichkeit aber Feuersalamander. Das ist zwar auch ein schöner Name. Aber nicht richtig einleuchtend bei einer Amphibie, die am liebsten nur dann nach draußen geht, wenn es so sehr regnet, dass man eigentlich das Spiel abbrechen müsste. Und feuerrot oder orange sind die Flecken des Lurchis auch nur in seltenen Ausnahmefällen – eher sind sie gelb, wenn diese Zeichnung auch bei wirklich jedem Salamander einzigartig ist, so wie beim Menschen der Fingerabdruck.

Der Name des Feuersalamanders hat vielmehr mit einer seiner erstaunlichen Eigenschaften zu tun. Seine auffällige Vereinsfärbung dient draußen im Wald nämlich nur einem Zweck: Angreifern zu signalisieren, dass er giftig und gefährlich ist. In den Drüsen seiner Haut produziert er einen üblen Giftcocktail, der ihn völlig ungenießbar macht und der aus Zutaten mit so schönen Namen wie Salamandarin, Samandaridin und Samanderon besteht. Wird der Salamander böse gefoult, etwa von einem Fuchs, einem Hund oder einer Katze, zeigt er ihm mit dem giftigen Hautsekret umgehend die Rote Karte. Missachtet der Angreifer die Verwarnung und schluckt ihn trotzdem runter, kann das sogar tödlich enden. Denn unter starkem Druck produziert der Lurch schlagartig ziemlich viel von der giftigen Flüssigkeit, in großer Not kann er sie sogar durch die Luft verspritzen. Das hat auch die Menschen früher schwer beeindruckt, obwohl das Gift für sie völlig ungefährlich ist, wenn sie es nur auf die Haut bekommen. Sie bildeten sich aber ein, dass der Salamander damit Feuer löschen könne – und warfen ihn zu diesem Zweck als lebenden Feuerlöscher kurzerhand in Brände hinein, was natürlich nur das Leben der Feuersalamander auslöschte.

Seiner wirklichen Lebensweise kommt der in anderen Gegenden verbreitete Name »Regenmännchen« deutlich näher. Freiwillig verlässt der Lurch seine Verstecke im Wald eigentlich nur nachts und im Regen. Dann allerdings ist er oft erstaunlich häufig und kriecht durch die Laubstreu auf dem Boden, immer auf der Suche nach Schnecken, Würmern, Insekten und was ein Salamander sonst noch so als Leckerbissen betrachtet.

Feuersalamander kommen in weiten Teilen Europas vor. Besonders gerne mögen sie Buchenwälder mit kleinen, sauberen Bächen. Die brauchen sie als Kinderstube. Wenn es im Frühjahr soweit ist, läuft das Salamanderweibchen nachts zum Bach und entlässt dort lebende Larven direkt ins Wasser. Das ist übrigens ein echter Spezialtrick, so etwas macht kein anderer Molch oder Salamander auf der Welt. Schwanzlurchüblich ist es dagegen, erst Eier zu legen, aus denen dann später Larven schlüpfen – natürlich nur, wenn sie nicht vorher schon gefressen werden. Da ist der Feuersalamander mit seiner Taktik klar im Vorteil. Nur sein nächster Verwandter, der Alpensalamander, ist noch einen Schritt weitergegangen und bringt gleich ganz fertig entwickelte Junge zur Welt. Beim Feuersalamander schwimmen die Larven aber zunächst im Wasser herum und atmen durch Außenkiemen, die aussehen wie vom Hals abstehende kleine Korallen. Nach drei oder mehr Monaten wandeln sie sich dann in fertige Mini-Salamander um und kriechen an Land. Bis zu 20 Zentimeter lang wird ein ausgewachsener Feuersalamander, und er kann erstaunlich alt werden. Von in Terrarien gehaltenen Tieren weiß man, dass sie über 50 Jahre gelebt haben.

Aktuell allerdings haben viele Feuersalamander keine Chance, dieses Alter zu erreichen. Denn sie haben gerade ein sehr ähnliches Problem wie wir Menschen. Während wir von einem neuartigen Coronavirus geplagt werden, leidet der Feuersalamander unter einem neuartigen Pilz, dessen Folgen höchst unangenehm sind. Schon der Name seines Endgegners lässt Schlimmes ahnen, er heißt nämlich »Salamanderfresser«. Wenn sich ein Salamander mit ihm infiziert, stirbt er in kurzer Zeit. Wo der Pilz herkommt, weiß man bis heute nicht so genau, womöglich wurde er aus Ostasien eingeschleppt. Entdeckt wurde er in den Niederlanden und erst im Jahr 2013 wissenschaftlich beschrieben. Dann hat er über die Eifel Schritt für Schritt rübergemacht bis ins Ruhrgebiet und ins Bergische Land. In Dortmund, Herne und Wuppertal drohen die Salamandervorkommen ganz zu erlöschen. Dass dem Pilz im Sommer 2020 dann sogar ein 500-Kilometer-Sprung nach Bayern gelungen ist

Ein prekäres Bestiarium

und er nun auch dort wütet, kann in diesem Fall selbst für eiserne Borussen-Fans kein Trost sein.

Leider kann man Lurche weder impfen noch ihnen Abstandsregeln beibringen. Deswegen müssen sie nun von Zoos und privaten Amphibienhaltern gerettet werden. In Terrarien können sie sozusagen in häuslicher Quarantäne leben und für Nachwuchs sorgen, damit die Salamander in Dortmund nicht für immer verschwinden. Und die in Gelsenkirchen, Freiburg oder München natürlich auch nicht – wenn's gegen Seuchen geht, sollten alle im selben Team spielen.

Das Goldene Löwenäffchen

Bankraub, Kunstraub, Juwelendiebe, kennt man alles. Aber wer weiß schon, dass es auch Zoo-Räuber gibt?

Zoo-Räuber sind ganz besonders niederträchtige Subjekte, denn sie rauben zum Beispiel Goldene Löwenäffchen. Diese sind zwar nicht aus Gold, sondern verdanken ihren Namen der Farbe ihrer charakteristischen Frisur, die sie mit den berühmten männlichen Großkatzen teilen, einer goldenen Mähne also, aber auf dem Schwarzmarkt für exotische Tiere sind sie offenbar Gold wert.

Immer wieder wurden Goldene Löwenäffchen aus Zoos gestohlen, im Juli 2015 auch aus dem Zoo Krefeld, wo eine ganze Löwenäffchen-Kleinfamilie verschleppt wurde und danach nie wiederaufgetaucht ist. Das ist nicht nur traurig für den Zoo und die gestohlenen Tiere, sondern auch ein Desaster für den Artenschutz. Löwenäffchen sind nämlich selten und vom Aussterben bedroht, und bei einer bedrohten Tierart wird durch jedes einzelne fehlende Individuum die genetische Vielfalt der Population reduziert, welche für die Nachzucht so bedeutsam ist.

Für die kleinen Löwenäffchen trifft das ganz besonders zu, sogar in freier Wildbahn: Goldene Löwenäffchen wohnen ausschließlich in tropischen Regenwäldern im südöstlichen Brasilien, vor allem im Bundesstaat Rio de Janeiro. Ein kleiner Lebensraum, und dann noch einer, der auch von Menschen besiedelt wird – das ist immer eine ungünstige Kombination: Es bedeutet nämlich nicht nur, dass viel Platz verloren geht, sondern auch, dass der Raum, der den Tieren dann noch bleibt, durch Straßen, Siedlungen und Landwirtschaft in kleine Fetzen auseinandergerissen wird. Fragmentierung nennt man das. Und in diesen immer weiter verkleinerten, fragmentierten Gebieten kommt es dann eben schnell zu Inzucht, was sich auf die Gesundheit der Tiere auswirkt. Und zwar nicht positiv.

In den 90er-Jahren war es tatsächlich die gezielte und gut koordinierte Nachzucht in Zoologischen Gärten, die eine erfolgreiche Wiederauswilderung möglich machte. Nur damit konnte das komplette Verschwinden der Löwenäffchen gerade eben so verhindert werden. Ihre Zahl in der brasilianischen Wildnis liegt aktuell wieder im vierstelligen Bereich. Immerhin. Zusätzlich leben weiterhin einige hundert Exemplare in verschiedenen Zoologischen Gärten weltweit. Rechtlich gehören die Tiere sämtlich dem Staat Brasilien. Wie alle Tierarten in wissenschaftlich geführten Zoos werden sie wie eine zusammenhängende Population behandelt und regelmäßig zwischen den Zoos ausgetauscht, um Inzucht zu vermeiden.

Beim Menschen beliebt sind Goldene Löwenäffchen natürlich auch deshalb, weil sie so hübsch anzusehen sind mit ihrem seidigen Fell in leuchtendem Goldorange und der besagten goldenen Mähne ums putzige kleine Gesicht herum. Um die 30 Zentimeter messen sie von Kopf bis Rumpf, und als Krallenaffen haben sie an Händen und Füßen nicht Nägel, wie die meisten anderen Affen, sondern eben Krallen, mit denen sie besonders behände an Baumstämmen entlang klettern können, auch kopfüber von oben nach unten. Ihren Nachwuchs, meist Zwillinge, ziehen die Tiere in der Gruppe gemeinschaftlich auf, wobei sich vor allem die Väter selbstverständlich ihre Elternzeit nehmen und die Kleinen ausgiebig mit sich herumtragen. Sympathisch und fortschrittlich sind sie also auch noch. Ganz im Gegensatz zu den verkommenen Gestalten, die dafür verantwortlich sind, dass diese freundlichen Wesen gekidnappt und illegal weiterverkauft werden, womit sie deren Fortbestand gefährden. Wesen mit solchen Ambitionen können, anstelle von Äffchen, gern mal einfach aussterben.

Der Kalifornische Kondor

Cinda Mickols lebt in einem Haus nahe der Stadt Tehachapi im südlichen Kalifornien. Als sie im Mai 2021 von einem Wochenendausflug zurück nach Hause kam, wurde sie dort von einem höchst ungewohnten und ungewöhnlichen Anblick überrascht: 15 bis 20 Kondore hatten sich auf ihrem Haus, genauer: auf ihrer frisch renovierten Holzveranda niedergelassen und dort bereits ausgiebig herumrandaliert.

Mit einer Flügelspanne von bis zu drei Metern und einem Gewicht von bis zu 14 Kilo pro Vogel ist so ein Haufen Kondore reichlich imposant, zumal als ungebetene Gäste im beziehungsweise auf dem eigenen Haus. Diverse Blumenkübel waren bereits zu Bruch gegangen, eine Tür war beschädigt, aber das Übelste für Cinda Mickols waren die überall verteilten, betonartigen Exkremente. Ihre Tochter postete später Fotos der Invasion auf Twitter und kommentierte, es sei sowohl enervierend als auch äußerst bemerkenswert, dass sich so viele von insgesamt nur 160 frei fliegenden Kondoren in Kalifornien ausgerechnet hier versammelt hätten – immerhin rund ein Zehntel der lokalen Population.

Dabei war der Kalifornische Kondor bereits aus der Natur verschwunden, nachdem die Ornithologin, Artenschützerin und Kondor-Expertin Jan Hamber persönlich das letzte frei lebende Exemplar mit dem Namen AC-9 (steht für: Adult Condor Nr. 9) am Ostersonntag des Jahres 1987 eingefangen hatte. 26 weitere Tiere lebten da bereits in den Volieren kalifornischer Zoos. Das war der gesamte, verbliebene Bestand. Der Entscheidung, die letzten Kondore einzufangen, um sie mithilfe eines zoologischen Zuchtprogramms gezielt zu vermehren, war, wie kaum anders zu erwarten, eine heftige Kontroverse vorangegangen. Gegnerinnen des Rettungsprogramms stuften die Freiheit der letzten Kondore entweder höher ein als das Überleben ihrer Art, befürchteten dauerhafte Verhaltensänderungen oder lehnten die enormen Kosten ab. Der Plan wurde dennoch bewilligt, trotz der Kosten. Mit rund zwei Millionen Dollar pro Jahr immerhin eins der teuersten Arterhaltungsprojekte in den USA.

Federführend bei der folgenden Nachzucht waren der Wildtierpark von San Diego und der Zoo von Los Angeles. Vor allem aber war es Jan Hamber mit ihren über Jahrzehnte gesammelten Forschungsergebnissen zu verdanken, dass eine prallgefüllte Datenbank voll unverzichtbaren Wissens über Biologie und Verhalten der Vögel vorlag. So war es denn auch keine allzu große Überraschung, dass die Zucht zwar nur langsam, aber unaufhörlich in die Gänge kam.

Denn Kondore durchlaufen keine schnelle Entwicklung. Nach Vogel-Standards werden sie uralt, bis zu sechzig Jahre. Dementsprechend spät kommen sie ins reproduktionsfähige Alter, etwa nach sechs Jahren. Dann suchen sie sich einen Partner oder eine Partnerin, wobei das männliche Tier die Dame umwirbt, indem es mit hochrotem Kopf und gesträubtem Nackengefieder die Flügel ausbreitet und lang-

Ein prekäres Bestiarium

sam auf sie zugeht. Wenn sie durch Neigen des Kopfes ihr Einverständnis signalisiert, werden sie ein Paar, lebenslang. Das an sich ist schon mal eine Hypothek. Aber auch nachdem man ein Kondorpaar erfolgreich zusammengebracht hat, bleibt das Tempo beschaulich, denn die Kondore ziehen nur alle zwei Jahre ein einziges Junges heran, um das sie sich lange kümmern, bis ins zweite Lebensjahr hinein.

Einen Trick zur Beschleunigung der Zucht gibt es aber: Wenn man den Tieren ihr erstes Ei aus dem Nest klaut, dann legen sie ein zweites. Auf diese Art lässt sich die Reproduktionsrate praktisch verdoppeln: Das erste Ei wird im Inkubator ausgebrütet und der geschlüpfte Vogel von Hand aufgezogen, während die leiblichen Eltern mit dem zweiten Ei nach althergebrachter Art verfahren. Bei der Aufzucht per Hand hat man sich im Übrigen darauf verlegt, diese Hand zu verkleiden. Mit einer Handpuppe, die dem Abbild der Vogeleltern ähnlicher sieht als eine menschliche Hand, werden die Jungvögel aufgezogen, um eine Prägung auf den Menschen so weit wie möglich zu vermeiden. Wir erinnern uns an Konrad Lorenz, dessen Gänseküken ihm überall hin folgten.

In den Neunzigerjahren war es schließlich so weit: Zwei separate Populationen konnten wiederausgewildert werden, eine in Arizona und eine in Kalifornien. Im Jahr 2016 zählte man 276 freilebende Kondore (und 170 weitere in menschlicher Obhut), wobei im Jahr zuvor erstmals mehr Vögel in der Wildnis geboren wurden als dort verendeten. Dieses vorzeitige Sterben da draußen in der Wildnis bleibt aber weiterhin ein Problem, denn viele der Gründe, die schon für das anfängliche Verschwinden der Kondore verantwortlich waren, lauern dort immer noch als Gefahr. Immer noch verenden viele Kondore in Stromleitungen, und immer noch holen sie sich Bleivergiftungen, wenn sie sich über Tierkadaver hermachen, die zuvor mit bleihaltiger Munition erlegt wurden.

An dieser Stelle muss nun endlich etwas gesagt werden, was der Text bislang verschwieg und was der erhaben klingende Name »Kalifornischer Kondor« zu verschleiern (wahlweise: zu beschönigen) droht. Kondore nämlich sind Aasgeier. So, jetzt ist es raus. Sie sind Aasgeier und sie sehen aus wie Aasgeier. Schwarzes Gefieder, nackter Kopf mit ein paar Stoppelfedern auf der Stirn, rote Augen. Zwitschern oder singen können sie nicht, nur ein bisschen zischen oder fauchen, aber nicht sehr laut. Evolutionär sind sie sehr alte Tiere, und als es in Nordamerika noch richtig viele, richtig große Landtiere gab (eine sogenannte Megafauna), mit Riesenfaultieren, Antilopen, Kamelen, Bisons, Pferden und Mammuts, da waren die riesigen Kondore aufs Zerpflücken dieser Riesentiere spezialisiert. Die Megafauna ist gegen Ende des Pleistozäns vor etwa 12 000 Jahren weitgehend ausgestorben, aber noch immer fressen die Kondore lieber Groß- als Kleingetier. Dabei können sie, während sie aassuchend am Himmel kreisen, auch mal ein bis zwei Wochen fasten. Wenn endlich ein schöner Kadaver auftaucht, fressen sie sich daran richtig satt und verschlingen bis zu anderthalb Kilo feinstes Aas.

Neben der hochproblematischen Bleimunition macht den Geiern auch das Umweltgift DDT zu schaffen. Zwar wurde der Einsatz von DDT in den USA und Kanada bereits 1972 verboten, aber da war der Schaden bereits entstanden. Die langlebige Chemikalie lässt sich noch heute in Böden und Gewässern nachweisen, außerdem reichert sie sich im Fettgewebe von Mensch und Tier an, zum Beispiel in Seelöwen, deren Kadaver bei Kondoren hoch im Kurs stehen. Bei Vögeln speziell führt DDT auch dazu, dass die Schalen der Eier dünner werden und leicht zerbrechen. Wenn sich so ein Kondor dann auf sein Nest setzt, gibt es schnell Spiegelei statt Küken. DDT gilt als eine Hauptursache für die Fast-Ausrottung der Weißkopf-Seeadler und spielt wohl auch beim Kalifornischen Kondor eine zumindest anteilige Rolle.

Die Erfahrung, die Cinda Mickols mit der Kondorinvasion ihres Hauses machen durfte, ist übrigens nicht einzigartig. Ende der Neunziger besuchte ein Haufen Kondore regelmäßig das Haus von Les Reid, selbst dem Artenschutz verpflichtet und ehemaliges Mitglied im Vorstand des Sierra Clubs, der größten und ältesten Naturschutzorganisation der USA. Sie lärmten auf seinem Dach herum und nutzten den Sonnenschirm auf seiner Terrasse als Rutsche. Eines Tages verschafften sie sich Zugang zu seinem Haus, und Reid überraschte sie beim Zerpflücken seiner Matratze. Einem Vogel baumelte eine Unterhose vom Schnabel herab. Zur selben Zeit machten Kondore in der Nähe des Grand Canyon damit Furore, sich wiederholt und ohne Scheu Touristen zu nähern, von denen sie sich bereitwillig fotografieren ließen, wenn sie ihnen nicht gerade an den Schnürsenkeln zogen. All diese Tiere, ebenso wie die Besucher bei Cinda Mickols, waren ausgewilderte Kondore aus dem Zuchtprogramm. Die wollen sich offenbar nicht immer so verhalten, wie es von wilden Tieren erwartet wird.

Sie haben nicht nur keine Scheu vor Menschen, sie suchen sogar deren Nähe. Gegner des Zuchtprogramms fühlen sich bestätigt: Da sind sie, eure von Handpuppen aufgezogenen Geier. Die Alternative freilich wäre: gar keine Geier.

Natürlich weiß man auch in den Zuchtstationen, dass das Auswildern von Tieren ebenso wie alles andere erforscht und gelernt werden muss, es ist schließlich ein Novum unserer Zeit. Willkommen im Anthropozän. Die nächste Kondorgeneration da draußen wird schon wieder ohne menschliche Hilfe aufgezogen. (Bei Redaktionsschluss wurde außerdem gerade vermeldet, dass Kalifornische Kondore offenbar fähig sind zur Parthenogenese, was »Jungfrauengeburt« bedeutet, und bei Vögeln ein höchst ungewöhnliches Phänomen ist, bei dem Weibchen auch ohne direktes männliches Zutun fruchtbare Eier legen können.)

Mrs. Mickols wurde indes geraten, die Tiere mit einem Wasserschlauch zu vertreiben. Offenbar mit Erfolg, wie ihre Tochter auf Twitter bekannt gab.

Die Mallorca-Geburtshelferkröte

Stellen Sie sich einmal vor, dieser Tage würde plötzlich und unerwartet eine kleine Gruppe lebender Mammuts entdeckt. Genau, jene wolligen Riesenelefanten, die vor 10 000 Jahren noch durch Europa stapften, stünden mit einem Mal mitten in der Landschaft herum, ausgerechnet auf der beliebten Ferieninsel Mallorca, nur eine halbe Stunde mit dem Auto vom Ballermann entfernt. Na, da wäre aber was los! Ein riesiger Aufruhr entstünde.

1974 entdeckten Forscher im archäologischen Material aus der Muleta-Höhle in der Serra de Tramuntana im Norden Mallorcas winzige Knochenreste, deren Alter sie auf 14 000 Jahre taxierten. Sie waren auf die Überbleibsel einer bis dahin unbekannten, eiszeitlichen Kröte gestoßen. Schon dieser Fund hatte für einiges Aufsehen gesorgt – zumindest in Krötenforscherkreisen.

Als der spanische Biologe Joan Mayol 1980 davon las, erinnerte er sich daran, dass er kurz zuvor eine kleine Kröte in der Region gefunden und, ohne ihr größere Beachtung zu schenken, in einem seiner Sammlungsgläser konserviert hatte. Bei näherer Betrachtung kamen ihm nun Zweifel, ob das wirklich nur eine ganz normale Geburtshelferkröte war. Also brach er noch einmal zum Fundort auf, und siehe da:

Er stieß tatsächlich auf eine quicklebendige Population der nur vier Zentimeter großen Mammut-Kröten. Na, da war aber was los! Ein riesiger Aufruhr entstand – zumindest für Krötenforscherverhältnisse.

Sofort folgten weitere Nachforschungen. Letztlich stieß man noch in einigen schwer zugänglichen Schluchten des Gebirges auf Populationen der Eiszeit-Art. Mit der Mallorca-Geburtshelferkröte hatte Europa plötzlich eine neue Art der Froschlurche im Portfolio – und sogleich seine seltenste und bedrohteste.

Geburtshelferkröten sind auf dem europäischen Festland praktisch flächendeckend in mehreren Arten verbreitet. Ihren Namen verdanken sie ihrer einigermaßen ulkigen Fortpflanzungsstrategie. Die Paarung erfolgt, anders als bei den meisten anderen Kröten, an Land. Das Männchen klammert sich an den Lenden des Weibchens fest und stimuliert es zur Abgabe der Eier, die wie Perlen auf einer Kette in sogenannten Laichschnüren aufgereiht aus der Kloake flutschen. Nun wickelt es sie sich mit ziemlich komplizierten Rühr- und Ruderbewegungen um seine Hinterbeine. Dabei entsteht der Eindruck, als zöge es die Eier geradezu heraus aus der Mutter – wodurch sich der Name »Geburtshelferkröte« erklärt. Sind die Laichschnüre sicher um die Oberschenkel am hinteren Rücken verschnürt, trennt sich das Paar. Die Aufsicht über die Eier obliegt nun allein dem Männchen, das sie die nächsten Wochen mit sich herumträgt und behütet, bis die Kaulquappen schließlich schlupfbereit sind.

Dann trottet es zu einer Wasserstelle und entlässt die schlüpfenden Larven, die dort die nächsten Monate bis anderthalb Jahre herumschwimmen und dabei tatsächlich geradezu mammutartige Ausmaße erreichen – die Kaulquappen der Mallorca-Geburtshelferkröte gehören mit einer Länge von bis zu acht Zentimetern zu den größten Froschlurchlarven Europas (die Quappen der Geburtshelferkröten vom Festland können noch einen Zentimeter größer werden). Anlässlich der Metamorphose schrumpfen sie sich aber zu einer Jungkröte von angemessener Größe zurecht und gehen mit zweieinhalb Zentimetern Länge an Land.

Warum aber haben die Mallorca-Geburtshelferkröten ihre letzten Bastionen nur noch in den Schluchten der Serra? Schuld ist wohl hauptsächlich eine Invasion, die schon in der Antike einsetzte. Mit den frühen Seefahrern kamen auch der Iberische Wasserfrosch und die Vipernatter vom Festland nach Mallorca. Beide fühlten sich pudelwohl im neuen Terrain, und beide sind gierige Fresser, die besonders gerne auch langsame, kleine Kröten und deren Kaulquappen verputzen. Die Mallorca-Geburtshelferkröten waren den Neusiedlern nicht gewachsen und zogen sich in eben jene Schluchten zurück, wohin ihnen die Angreifer nicht folgen konnten, weil es ihnen dort schlicht zu kühl war. Was allerdings eine beunruhigende Aussicht angesichts steigender Temperaturen durch den Klimawandel ist. Auch Wasserverschmutzung und Landschaftszerstörung durch extensive Viehhaltung haben ihren Teil dazu beigetragen, die amphibischen Ureinwohner zurückzudrängen.

Fachleute schätzten die Lage der Ice-Age-Kröten als äußerst kritisch ein und sahen sie kurz davor, dem Mammut doch noch in die ewigen Jagdgründe nachzufolgen. 1985 entschlossen sich die mallorquinischen Behörden, zusammen mit dem Durrell Wildlife Conservation Trust vom Zoo auf der britischen Kanalinsel Jersey, einen Teil der Krötenpopulation zu entnehmen und in verschiedenen Zoos züchten zu lassen. Das funktionierte so gut, dass schon 1989 ein Wiederansiedlungsprogramm gestartet wurde. Die Hälfte der bekannten Fundorte und ein Viertel der in der Natur lebenden Mallorca-Geburtshelferkröten gehen heute auf diese Zoo-Nachzuchten zurück.

Eine Erfolgsgeschichte also? Jein. Denn einerseits ist so zwar eine erhebliche Stärkung der Bestände gelungen. Andererseits aber ist durch eine unglückliche Koinzidenz der Ereignisse eine neue Gefahr hinzugekommen. 1999 wurde ein geheimnisvoller neuer Pilz entdeckt, der weltweit für Massensterben unter Froschlurchen verantwortlich ist. Als die Auswilderungen begannen, war davon noch nichts bekannt gewesen. 2004 stießen die Artenschützerinnen in der Serra de Tramuntana dann auf auffällige Funde toter Kröten. Der schlimme Verdacht bestätigte sich: Der Pilz war auf Mallorca angekommen, und wie genetische Untersuchungen zeigten, war er wohl aus Jersey eingeschleppt worden.

Ob die gelungene Wiederansiedlung also nur ein Pyrrhussieg war, muss sich erst noch erweisen. Ganz so schlecht sieht es aber glücklicherweise nicht aus. Bislang ist die Seuche nur in den wiederangesiedelten Populationen aufgetaucht, nicht bei den Altvorkommen. Zum anderen scheinen Geburtshelferkröten sich unter normalen Umständen mit dem Pilz ganz gut arrangieren zu können. Zu Ausbrüchen der Krankheit kommt es offenbar nur, wenn zusätzliche Stressfaktoren wie ungewöhnliche Klimabedingungen hinzukommen. Und letztlich muss man leider davon ausgehen, dass angesichts des globalen Vormarschs des Erregers auch die Schluchten der Serra de Tramuntana sowieso irgendwann dran gewesen wären. Das Auswilderungsprogramm soll jedenfalls fortgesetzt werden – jetzt, wo der Pilz bekannt ist, können alle Tiere zuvor getestet werden, sodass eine weitere Verbreitung auf diesem Weg auszuschließen ist.

Es steht also noch unentschieden in diesem Wettlauf zwischen der modernen Welt in Form von Invasoren, Umweltzerstörung, Klimawandel und Krankheiten und diesen bemerkenswerten amphibischen Mammuts.

Der Mangarahara-Buntbarsch

Es gibt Buntbarsche, die sind leuchtend blau oder knallrot. Andere sind leuchtend blau *und* knallrot. Wieder andere sind prächtig gelb oder bunt gescheckt, sie tragen wunderbar konstrastreiche Streifen oder einen schicken Schachbrett-Look, oder sie sehen aus, als habe jemand im Photoshop einfach mal alle verfügbaren Farben mit allen greifbaren Ausfüll-Tools auf einem einzigen Fisch ausprobiert. Nun: Zu diesen ausgesprochen attraktiven Prachtfischen gehört der Mangarahara-Buntbarsch … leider nicht. Er ist eher das hässliche Entlein in der großen Buntbarschfamilie. Dieser Fisch sieht im Wesentlichen aus wie – nun ja – ein Fisch eben. In Fischfarben. Und in Fischform. Ein Fischfisch.

Da verwundert es zunächst ein bisschen, warum die Fischforscher, die im Jahr 2006 den Mangarahara-Buntbarsch überhaupt erstmal als neue Art beschrieben haben, dieser fünf bis sechs Zentimeter langen grauen Maus unter den Barschen ausgerechnet den wissenschaftlichen Namen *Ptychochromis insolitus* gegeben haben, wobei das »insolitus« für »ungewöhnlich« steht.

Aber ungewöhnlich ist der unscheinbare Fisch tatsächlich, in mehrfacher Hinsicht. Gut, was die Fischforscher auf den zweiten Blick an ihm so besonders fanden, haut jetzt vielleicht nicht jeden gleich vom Stuhl: Auf einigen seiner Schuppen hat er kleine, kammartige Nuppel. Ein langweiliger Fisch mit Nuppeln also? Nein, gar nicht langweilig!

Der Mangarahara-Buntbarsch erlaubt uns einen tiefen Blick in die Evolution. Buntbarsche sind eine extrem artenreiche Familie. 1700 Arten von ihnen schwimmen in den Gewässern Afrikas und Südamerikas herum. Mit ihrer Neigung, dauernd neue Arten zu bilden und sich mit den unterschiedlichsten Farben und Fortpflanzungsstrategien voneinander abzugrenzen und neue ökologische Nischen zu erobern, gelten sie als Paradebeispiel für die Evolution. Und sozusagen auf der anderen Seite all dieses bunten Gewimmels steht der Mangarahara-Buntbarsch nebst seiner engsten Verwandtschaft. Diese Madagassischen Buntbarsche gelten als die Urform aller Buntbarsche, die bis heute recht unverändert erhalten geblieben ist. Für Evolutionsbiologen sind solche Relikte ein Fest, weil sie mit ihrer Hilfe mehr über die Entstehung von Arten herausfinden können. Der langweilige Nuppel-Fisch hat also größten wissenschaftlichen Wert.

Da ist es doppelt schade, dass es ihn praktisch nicht mehr gibt. Der Mangarahara-Buntbarsch kommt von Natur aus in nur einem einzigen Flusssystem im Norden von Madagaskar vor. Dummerweise wurde das Flusssystem zerstört, als Staudämme gebaut und das Flusswasser für den Reisanbau in der Umgebung eingesetzt wurden. Daher nahm man an, dass die Art in der Natur ausgestorben sei. Eine kleine Volkszählung der Bestände in den Aquarien von Zoos weltweit ergab im Jahr 2013 das traurige Ergebnis: vier. Zwei

Männchen schwammen in Toronto, ein Männchen und ein Weibchen in Berlin. Die Hoffnung ruhte also auf den Berlinern, doch hier erwiesen sich die Fische als ähnlich übellaunig wie die menschlichen Bewohner dieser Stadt. Statt für erhofften Kindersegen zu sorgen, biss das Männchen seine potenzielle Partnerin einfach tot. Mangarahara-Buntbarsche gelten, spätestens seit diesem Tag, als sozial etwas schwierig.

Daraufhin starteten die Zoo-Artenschützer aus Berlin und Toronto einen gemeinsamen, fast verzweifelten Aufruf in der Gemeinde der privaten Aquarianer mit der dringenden Bitte, in den heimischen Becken mal genauer nachzuschauen, ob sich dort nicht doch noch irgendwo ein Mangarahara-Buntbarschweibchen finden lasse. Der Appell drang bis nach Madagaskar, wo ein Fischzüchter davon hörte, der zwar keinen der Buntbarsche in einem seiner Becken hatte – sich aber sicher war, die Tiere in der Nähe ihres ursprünglichen Verbreitungsgebiets in freier Natur gesehen zu haben. Ein Forschungsteam brach daraufhin zu einer Suchexpedition auf. Tagelang durchfischten sie alle Bäche der Region, ohne etwas zu finden – bis sie schließlich, kurz vor dem Aufgeben, in einem abgetrennten ehemaligen Seitenarm eines Bachs tatsächlich auf 18 überlebende Fische stießen. Das tümpelartige Gewässer war für die Fließgewässerbewohner als Lebensraum leider nur wenig geeignet, aber irgendwie hatten sie es geschafft, dort bis zu ihrer Rettung auszuharren. Sie wurden auf eine Fischfarm in Madagaskar in Sicherheit gebracht, wo sie sich bald vermehrten, und die Jungtiere gingen dann 2014 auf die Reise in verschiedene Zoos, wo sie seither für noch mehr Nachwuchs sorgen.

Mangels verbliebener Bäche ist an eine Wiederauswilderung in ihrer ursprünglichen Heimat vorerst nicht zu denken, aber immerhin schwimmen nun noch einige dieser Fische in unseren Aquarien herum und geben der Art Hoffnung für die Zukunft. Im Aquarium des Kölner Zoos können auch Zoobesucher den seltensten Fisch der Welt nun bei dem beobachten, was so ein Mangarahara-Buntbarsch eben so macht. Und dabei feststellen, dass der scheinbar langweilige Nuppel-Fisch auf jeden Fall hochinteressant – und eigentlich sogar ganz schön ist.

Denn Schönheit, das gilt für Mensch wie Fisch, liegt ja immer nur im Auge des Betrachters.

Der Milu

Lösen Sie gern Kreuzworträtsel? Wenn ja, dann könnte Ihnen schon mal die Frage nach dem Davidshirsch begegnet sein; *Davidshirsch mit vier Buchstaben*. Die Lösung lautet: »Milu« – nicht zu verwechseln mit Muli, was ein Synonym für Maultier ist, ein Tier, das eine Pferdestute zur Mutter und einen Eselshengst zum Vater hat. Aber darum geht es hier doch gar nicht, es geht ja um den Davidshirsch. Den Milu!

Noch ein Name gefällig? In seiner chinesischen Heimat nannte man das Tier auch *Sibuxiang*, was so viel bedeutet wie »Vier Mal verschieden« oder »Keiner der Vier«, denn diese Kreatur habe »den Schwanz eines Esels, ist aber kein Esel, den Kopf eines Pferdes, ist aber kein Pferd, die Hufe einer Kuh, ist aber keine Kuh und das Geweih eines Hirschs, ist aber kein Hirsch«. Deshalb: Keiner der Vier. Wobei Letzteres eindeutig nicht stimmt, denn der Davidshirsch ist durchaus und ganz klar ein Hirsch.

Eigentümlich ist ihm ein stämmiges Geweih, das sich nicht wie bei anderen Hirscharten nach vorn, sondern nach hinten weg verzweigt. Für westliche Augen, die eher den Anblick von Rothirschgeweihen in Gasthofstuben gewohnt sind, sieht das dann so aus, als hätten diese chinesischen Hirsche ihre Kopfpracht einfach mal verkehrtherum aufgesetzt. Anders als die bei uns herumlaufenden Hirsche (also vor allem Rotwild, Damwild und Rehe) sind die Milus semiaquatische Tiere – sie leben in Ufer- und Sumpfgebieten und haben sogar Schwimmhäute zwischen den Zehen.

Ein paar ulkige Besonderheiten zeigen männliche Davidshirsche auch beim Brunftverhalten. So verwenden sie viel Mühe darauf, ihr Fell ausgiebig und umfassend mit dem eigenen Urin zu parfümieren. Dafür graben sie extra Kuhlen aus, in die sie zuerst hineinpullern, um sich anschließend darin zu suhlen. Zur Auffrischung zwischendurch schwingen sie dann auch noch ihren Penis beim Urinieren so durch die Gegend, dass sie sich möglichst effektiv selbst mit dem Strahl treffen. Es ist davon auszugehen, dass die weiblichen Tiere das attraktiv finden.

Mit dem Aussterben der Davidshirsche in der freien Natur hat diese Angewohnheit wohl jedenfalls nichts zu tun. Vor sehr langer Zeit, viele tausende Jahre ist es schon her, bewohnten Milus noch weite Gebiete in ganz China, Korea und sogar Japan. Während der Ming-Dynastie, die im Jahr 1644 endete, liefen noch einige Herden in China herum, sie wurden jedoch immer weniger und immer kleiner. Ursache dafür war neben der Jagd vor allem die landschaftliche Veränderung. Aus Sumpfgebieten wurden Reisfelder und Siedlungen. Schon im 17. Jahrhundert waren die Tiere selten geworden. Die allerletzten freilebenden Davidshirsche wurden mutmaßlich 1939 erlegt.

Die wendungsreiche Geschichte dazu, warum sie trotzdem nicht wie Mammuts, Dodos oder Beutelwölfe komplett von der Erdoberfläche verschwunden sind, beginnt damit, dass der Kaiser von China, beziehungsweise mehrere aufeinanderfolgende kaiserliche Dynastien, in ihren umzäunten und streng bewachten Gärten nahe Peking eine größere Herde von Tieren gehegt hatten. Ein Blick hinter die Mauern und auf die Tiere war für Personen außerhalb des Hofstaates nicht nur nicht vorgesehen, sondern sogar bei Strafe verboten. Im Jahr 1865 kletterte der französische Mönch und Naturforscher Pater Armand David dennoch an der Gartenmauer empor, mit dem dezidierten Wunsch, diese Tiere zu Gesicht zu bekommen. Ein Wächter hatte ihm diesen einen Versuch eingeräumt. Tatsächlich hatte Pater David Glück und sah eine Herde von Milus vorüberziehen, ein Anblick, der ihn so sehr beeindruckte, dass er anschließend kaiserliche Wachen mit krummen Methoden (Bestechung) dazu brachte, ihm zwei Felle zu beschaffen, die er nach Europa verbrachte. So wurden die Hirsche also nach ihm benannt, zumindest in der westlichen Welt.

Und kaum hatte diese westliche Welt das neue Tier entdeckt, wollte man es dort unbedingt haben. Europäische Diplomaten buhlten in Peking um Milu-Geschenke, nach dem Motto »Aber die Franzosen haben doch auch schon so einen schicken Hirsch bekommen, warum nicht auch wir Engländer / wir Deutschen / wir Niederländer« etc. Wie es halt so ist. Gegen Ende des 19. Jahrhunderts lebten etwa 20 Davidshirsche in europäischen Zoos.

Ebenfalls am Ende des Jahrhunderts wurden die kaiserlichen Gärten bei einer heftigen Flutkatastrophe überschwemmt. Die Mauern brachen, und ein Großteil der dort lebenden Milus ertrank, der Rest entkam nach draußen. Wo die von der Flut getroffene, hungernde Landbevölke-

Ein prekäres Bestiarium

rung sie sogleich erlegte. Die wenigen Tiere, die noch im Park verblieben waren, kamen um die Jahrhundertwende in den Wirren der sogenannten Boxerkriege um, als sich chinesische Aufständische gegen die westlichen Imperialmächte auflehnten. Danach waren Milus in China fürs Erste erledigt.

Als sich in internationalen zoologischen Kreisen herumsprach, dass die Davidshirsche verschwunden waren, einigte man sich auf eine konzertierte Rettungsaktion. In deren Zentrum stand der englische Herzog von Bedford, früher Artenschützer, Präsident der Zoologischen Gesellschaft von London und großer Freund und Kenner von Hirschen. In seinen Gärten hielt und züchtete er bereits mehrere, auch exotische, Hirscharten, und so vertraute man ihm die gesammelten in Zoos lebenden Davidshirsche an, ganze achtzehn Exemplare. Wieder also beherbergte ein privat geführter Garten die letzte Miluherde, aber diesmal nicht kaiserlich-chinesisch, sondern herzöglich-englisch.

Ein Zuchtbuch wurde angelegt, und siehe: Die Herde ward fruchtbar und mehrte sich. 1946 zählte man dort 300 Hirsche. Um nicht wieder Gefahr zu laufen, bei einem Unglück oder einer Katastrophe den ganzen Bestand zu verlieren, um also nicht alle Eier, respektive Hirsche, in einen Korb zu legen, wurden kleine Gruppen wieder international auf Tiergärten, Zoos und Parks verteilt. Mit zunehmender Milu-Erfahrung wuchsen auch dort die Zuchterfolge.

In den 1980er-Jahren schließlich wurden einige Milus in ihren ursprünglichen Verbreitungsgebieten in China erstmals wiederausgewildert. Allerdings nicht einfach irgendwo, sondern innerhalb von Naturreservaten, wo sie weiterhin ein

Mindestmaß an Schutz genießen. Einige von ihnen haben die Reservate inzwischen jedoch verlassen (zum Teil infolge von Überflutungen, ein häufiges Problem in China), sodass es nun auch wieder wilde Herden gibt. Ob diese dauerhaft überlebensfähig sind, muss sich erst noch zeigen. Daher wird der Davidshirsch von der Weltnaturschutzunion IUCN noch unter der Kategorie »in der Natur ausgestorben« geführt.

Tatsächlich gehen alle Davidshirsche, ob in Zoos oder in chinesischer Wildnis, auf die kleine Gruppe zurück, die einst der Herzog von Bedford auf seinen Ländereien nachgezüchtet hat. Bei so einem genetischen Flaschenhals besteht immer die Gefahr, dass die Population Zeichen von Inzucht zeigen könnte, doch die Davidshirsche geben bislang soweit keinen Anlass zur Sorge. Schwieriger ist da schon die Frage, wie die Tiere klarkommen, nachdem sie lange, sehr lange, unter eher luxuriösen Bedingungen gelebt und daher bestimmte Verhaltensweisen nicht mehr von Generation zu Generation weitergegeben haben. Dass man vor einem Tiger wegläuft, könnte als Reflex noch tief genug verwurzelt sein. Aber dass und wie man sich von Zecken befreit, ist eine komplexere Aufgabe, die womöglich verlernt wurde. Man wird diese Dinge beobachten müssen.

Der Europäische Nerz

Querdenker hätten unter Nerzen sicherlich viele Fans. Allerdings hatten die Marder auch tatsächlich allen Grund, sich über die Anti-Corona-Maßnahmen während der großen Pandemie zu beschweren: Allein in Dänemark, dem weltgrößten Nerzproduzenten, wurden im November 2020 zur Eindämmung des Virus alle 15 Millionen auf Pelztierfarmen gehaltenen Tiere getötet.

Der Grund für die Massentötungen: Nerze können sich nicht nur mit Corona infizieren, sondern das Virus ist in ihren Beständen auch bereits mutiert. Und diese mutierte Virusvariante kann erneut auf den Menschen überspringen. Auch wenn sie zunächst nicht gefährlicher ist als das Original beziehungsweise dessen schon längst kursierende Alpha- bis Delta-Varianten: Das Risiko, dass eine Nerz-Coronavirus-Mutation sich weitergehend verändert und auf mögliche Impfstoffe schlechter reagiert, will niemand eingehen. Schließlich soll die Pandemie nicht eines Tages wie ein Zombie aus dem Grab wiederauferstehen. Das taten stattdessen allerdings dann die gekeulten Nerze. Denn ihre Kadaver waren auf die Schnelle in Massengräbern verscharrt worden und verwesten dort nun allmählich vor sich hin, wobei große Mengen an Fäulnisgasen entstanden, die den Boden aufwarfen und die Nerzleichen wieder an die Erdoberfläche drückten. Igitt. In der näheren Umgebung stank es so bestialisch, dass die Anwohner sich kaum noch in den eigenen Garten trauten. Hinzu kam die Gefahr, dass das bei der Verwesung entstehende Phosphor und der Stickstoff das Grundwasser zu verseuchen drohten. Also wurden 13 000 Tonnen Nerzkadaver ein halbes Jahr später wieder exhumiert und in Verbrennungsanlagen geschafft.

Die Massentierhaltung von Nerzen steht aber nicht nur wegen des Seuchenrisikos in der Kritik. Die Haltungsbedingungen auf engem Raum und in hoher Dichte in weitgehend nackten Drahtkäfigen gelten als nicht artgerecht. Häufig werden erhebliche Tierschutzprobleme beobachtet, wie Selbstverstümmelung oder Tötung der eigenen Jungtiere. Und wer denkt, ein Naturnerzmantel sei wenigstens ein nachhaltiges Kleidungsstück, wird auch enttäuscht: Die Ökobilanz des vor allem in Ostasien sehr beliebten Nerzpelzes fällt deprimierend aus. Hohe Stickstoffdioxidemissionen, Gülleprobleme, großer Wasserverbrauch – insgesamt ist Nerz fünf Mal klimaschädlicher als Wolle.

Ein anderes Nerzproblem muss man nicht nur den Farmen vorwerfen, sondern auch ihren Gegnern: Tierschützer halten es seit Jahrzehnten für eine gute Idee, in Pelztierfarmen einzubrechen und die Nerze einfach freizulassen. Zusammen mit immer mal wieder geflüchteten Tieren bilden sie in vielen europäischen Ländern inzwischen eine florierende Population. Doch bei der auf Farmen gezüchteten Art handelt es sich nicht um den Europäischen, sondern um den Amerikanischen Nerz, den Mink. Weil dessen Fell wertvoller ist. Er ist zudem größer, ruppiger und anpassungsfähiger als sein europäischer Verwandter. Deshalb wurden mancherorts, etwa in Russland, Anfang des 20. Jahrhunderts sogar gezielt Amerikanische Nerze ausgesetzt, um die schon damals durch zu intensive Bejagung selten gewordenen Europäischen Nerze zu ersetzen.

In der Folge wurde der kleinere Europäische Nerz, der einst große Teile von Europa bewohnte, überall verdrängt. Durch die Farmen erhalten die Invasoren beständig Nachschub. Und leider mangelt es Nerzen auch noch an jedem Problembewusstsein in Sachen Lookism. Die Girls des Europäischen Nerzes stehen nämlich ganz hemmungslos auf die Machos aus Übersee und bevorzugen sie bei der Paarung gegenüber den heimischen Hänflingen. Da sie zwar ähnlich aussehenden, aber eben doch unterschiedlichen Arten angehören, sind sie gar nicht miteinander fruchtbar. So unterläuft diese Vorliebe europäischer Nerzweibchen die arteigene Familienplanung.

Erschwerend kommt hinzu, dass der Europäische Nerz kaum noch Lebensräume findet. Der auch Sumpfotter genannte, ohne Schwanz bis etwa 40 Zentimeter lange Marder lebt an Ufern von naturbelassenen Gewässern mit dichter Vegetation – die aber werden in Europa immer knapper. In Deutschland, wo er einst flächendeckend vorgekommen ist, wurde der letzte freilebende Europäische Nerz 1925 gesehen. Heute kommt er nur noch in kleinen, nicht mehr zusammenhängenden Restpopulationen in Ost- und Südeuropa vor. Er gilt als eines der seltensten Säugetiere Europas und steht laut Weltnaturschutzorganisation IUCN kurz vor der Ausrottung.

Zum Glück wurde in Zoos schon vor Jahrzehnten ein

Erhaltungszuchtprogramm für die Europäischen Nerze eingerichtet, sodass es heute Tiere gibt, die wieder in die Natur entlassen werden könnten. Dafür müssten allerdings erst mal wieder nerzgerechte Lebensräume entstehen, und dann muss auch noch die übergriffige Verwandtschaft aus Amerika in ihre Schranken verwiesen werden. Immerhin: Hier könnte Corona mal helfen. Ob die kommerzielle Nerzzucht auf dem Kontinent nach der Pandemie noch eine Zukunft hat, bleibt abzuwarten. Zumindest die Niederlande haben Nerzfarmen gleich ganz verboten. Dänemark allerdings will womöglich ab 2022 weiter Nerze züchten lassen.

Nerze, Viren und Menschen – es ist schon eine verrückte Geschichte. Während Rechtspopulisten und die Boulevardpresse in Sachen Corona gegen die angeblich so bösen Chinesen wegen ihrer ja auch tatsächlich kritikwürdigen Tiermärkte hetzen, haben wir in Europa mit unseren Pelztierfarmen eine nicht minder wirkungsvolle Virenbrutstätte geschaffen. Womöglich kann man dann bald vom dänischen statt vom chinesischen Virus sprechen. Das allerdings nicht vom Europäischen, sondern vom Amerikanischen Nerz stammt. Der einst in Russland ausgesetzt wurde und in ganz Europa gezüchtet wird zur Gewinnung von Pelzen – hauptsächlich für den Markt in China, Japan und Südkorea. Globalisierung in a Nerzshell, sozusagen.

Die Nimbakröte

Laich, Kaulquappe, Metamorphose, fertiger Lurch – so gehört es sich für eine anständige Kröte. Und so läuft es letztlich auch tatsächlich, obwohl sich im Detail dann doch eine verwirrende Vielfalt zeigt in dem, was Frösche und Kröten mit ihrem Laich oder ihren Kaulquappen alles anstellen können. Blättern Sie nur mal zurück zum Darwinfrosch oder zur Mallorca-Geburtshelferkröte!

Dabei haben 16 der rund 7000 Frosch- und Krötenarten Wege gefunden, die Sache mit den Eiern und den Kaulquappen intern zu lösen; sie lassen beide mittels verschiedener Tricks bis zur Metamorphose im Körper heranreifen. Doch nur eine einzige Art ist noch einen Schritt weitergegangen: die westafrikanische Nimbakröte.

Die nicht einmal drei Zentimeter langen, braunen bis schwarzen Krötchen wirken auf den ersten Blick eher unscheinbar. Aber was macht schon das Äußere – auf die inneren Werte kommt es an. Und die haben es in sich. Denn die jungen Nimbakröten wachsen im Eileiter der Mutter heran, nicht separat in einer abgeschlossenen Eihülle, sondern sozusagen freilebend. Im Gewebe des Eileiters wird eine proteinreiche Flüssigkeit produziert, von der die Föten sich ernähren. Diese direkte Ernährung über den Organismus der Mutter nennt man Matrotrophie – das klingt zugegebenermaßen ein bisschen nach einer Mischung aus *Alien* und *Psycho*, aber das uns bekannteste Beispiel für diesen Fortpflanzungstyp sind wir selbst. Auch die Dauer der Trächtigkeit kommt uns bekannt vor: Neun Monate sind es, bis es schließlich heißt: Es sind 15 Kröten!

Was ihren Lebensraum angeht, ist die Nimbakröte ebenfalls ziemlich extravagant. Sie bewohnt ein insgesamt nur vier Quadratkilometer großes Stückchen Hochsavanne in den Nimbabergen in Westafrika oberhalb von 1200 Metern. Allerdings muss man dabei anmerken: Sehr viel höher als 1200 Meter sind die Nimbaberge auch gar nicht. Die Kröten sitzen also sozusagen auf ihrem Berg oben drauf. Man muss sich diesen Gebirgsstock im Grenzgebiet von Liberia, Elfenbeinküste und Guinea vorstellen wie eine Insel im Meer des umliegenden Tieflands. Vermutlich war es diese Isolation in Verbindung mit fehlenden Gewässern, die zu der besonderen Fortpflanzungsweise geführt hat. Wo kein Wasser, da kein Platz für Kaulquappen.

Nimbakröten sind nur während der Regenzeit von April bis Oktober draußen aktiv. Wenn die Savanne beständig wolkenverhangen ist, kriechen sie im feuchten Gras umher und paaren sich. Während der Trockenzeit begeben sie sich in den Untergrund, nämlich in Felsspalten unter der Grasnarbe und über den wasserundurchlässigen Gesteinsschichten, wo die Feuchtigkeit gut gehalten wird, auch wenn es draußen wärmer und trockener ist.

Doch wie könnte es anders sein: Die Nimbakröte ist in Gefahr. Aufgrund ihrer Einzigartigkeit ist sie wissenschaftlich ungewöhnlich gut erforscht für einen afrikanischen

Lurch und wird regelmäßig überwacht. Das Ergebnis dieser Überwachung ist alarmierend. Noch in den 1950er-Jahren haben die Forscher rund 16 Millionen Kröten gezählt (natürlich nicht persönlich per Hand, aber mit statistischen Methoden lassen sich solche Zahlenwerte gut und vergleichbar ermitteln). In den 2010er-Jahren fand man dann nur noch 2,4 Millionen – ein Rückgang um 83 %. Schuld sind vermutlich häufigere überwiegend von Menschen gelegte Feuer. Eine weitere Gefahr könnte der geplante Abbau von Eisenerz mit sich bringen.. Die Nimbaberge bestehen zu 70 % aus Eisenoxid. Um in den 1960ern an die Vorkommen im Mount Alpha in Liberia heranzukommen, hat man den Berg im offenen Tagebau kurzerhand weitgehend abgetragen. 1981 wurde eine Kernzone der Nimbaberge zwar als UNESCO-Weltnaturerbe geschützt, aber der Eisenerzabbau ist derzeit in einem außerhalb des Reservats gelegenen Gebiet der Nimbaberge wieder geplant.

Die Erschließung soll auch in direkter Nachbarschaft des Kernvorkommens der Nimbakröten beginnen. Die Bergbaugesellschaft geht dabei zwar ungewöhnlich rücksichtsvoll vor und bemüht sich, einen angemessenen Abstand zu den Amphibien zu wahren und Wissenschaftler mit einzubeziehen. Dennoch ist die Lage kritisch. Die größte Sorge besteht darin, dass die wasserhaltenden Gesteinsschichten des Bergs durchstoßen werden könnten und das darüber angestaute Wasser dann einfach ablaufen könnte wie aus einer Badewanne – was das Ende der Nimbakröte bedeuten würde. Hinzu kommt die Gefahr, dass durch die Arbeit und Maschinen von außerhalb Krankheiten in das isolierte Gebiet eingeschleppt werden können.

Eine weitere Bedrohung entzieht sich gänzlich den Einflussmöglichkeiten vor Ort: der Klimawandel. Forscherinnen fanden heraus, dass die Kröten nur eine sehr geringe Temperaturtoleranz aufweisen. Schon bei dauerhaft zwei Grad über ihrem gewohnten Temperaturregiment machen sie schlapp. Das verheißt angesichts der zu erwartenden Erderwärmung nichts Gutes, zumal die Kröten halt schon ganz oben auf dem Berg leben und nicht weiter nach oben ausweichen können, wo es kühler ist. Entscheidend für den Fortbestand der Art ist zudem der Verlauf der Regenzeit, in der die Nimbaberge weitgehend in Wolken gehüllt sein müssen. Fiel diese Phase durch Klimaschwankungen aus, wären die Kröten rasch am Ende. Und das wäre nicht nur äußerst bedauerlich, weil diese Krötchen so außergewöhnlich charmant sind, zumindest wenn man auf kleine braune Krötchen steht, sondern angesichts ihrer biologischen Einzigartigkeit auch ein immenser Verlust für die Wissenschaft.

Höchste Zeit also, zumindest einige der Tiere in Sicherheit zu bringen. *Citizen Conservation* bemüht sich in Zusammenarbeit mit dem *Museum für Naturkunde Berlin* darum, einen Grundstock an Zuchttieren aus den Nimbabergen nach Europa zu holen. Die Zeit läuft, denn die Bergbauarbeiten werden bald beginnen. Eine geplante Expedition im Sommer 2020 scheiterte an den Reisebeschränkungen durch das Coronavirus. Ob und wann die Rettungsaktion nun stattdessen starten kann, ist ungewiss. Also: Bleiben Sie dran!

Das Okapi

In dem schönen Kinderbuch *Das Animalarium von Professor Revillod* kann man mithilfe einer einfachen Ringbuch-Umblättertechnik aus 21 bekannten Tieren 4096 neue Wesen herbeikombinieren. Zum Beispiel die Gürefatte: eine Kreatur mit dem Kopf eines Gürteltiers, dem Rumpf eines Elefanten und dem Hinterteil einer Ratte.

Über ein ähnlich seltsam zusammengesetztes Tier wunderten sich europäische Forscher, als sie gegen Ende des 19. Jahrhunderts erstmals mit dem Okapi in Berührung kamen. Bezeichnenderweise nicht mit dem Tier selbst, sondern zunächst nur mit Erzählungen, Hufspuren, Fellteilen und einem Schädelknochen. Diese unterschiedlichen Puzzleteile ergaben das verwirrende Bild eines Mischwesens aus mindestens Zebra und Giraffe, eventuell auch noch weiteren, namenlosen Komponenten exotischer Tierwelten. Das Beinfell sah jedenfalls sehr nach Zebra aus, der Schädel ganz nach Giraffe. Beschreibungen und Erzählungen ließen auf ein eher eselsgroßes Tier ohne allzu langen Hals schließen. Weil ein lebendes Okapi nicht aufzufinden war, sprach man irgendwann schließlich vom »afrikanischen Einhorn« – einem Fabelwesen, das man einfach nicht zu Gesicht bekommt.

Nun, das Okapi ist real, echt und lebendig, aber auch äußerst scheu und in freier Natur deshalb nur sehr schwer zu finden. Inzwischen weiß man immerhin, dass es ein kleiner Verwandter der Giraffe ist. Tatsächlich umfasst die Familie der Giraffenartigen genau zwei Gattungen, nämlich Giraffen und Okapis. Während Giraffen durch die offenen Savannen streifen, sind Okapis Waldbewohner, weshalb sie auch »Waldgiraffen« genannt werden. Weil sie sich so ungern zeigen und im dichten Wald so gut verstecken können, bleibt es schwierig, ihren Wildbestand zu beziffern. Schätzungen reichen von zehn- bis maximal fünfundzwanzigtausend Tieren.

Klar ist, dass der Okapi-Lebensraum eng begrenzt ist, nämlich auf ein paar Regenwälder in der Demokratischen Republik Kongo, vornehmlich den Ituri-Regenwald im Nordosten des Landes. Dort befindet sich auch das Okapi-Wildtierreservat, seit 1996 eingetragenes UNESCO-Weltnaturerbe. Das lokale Hauptquartier sorgt nicht nur für den Schutz des Waldes, sondern koordiniert auch Okapi-Nachzuchten, mit denen Zoos weltweit versorgt werden, um eine stabile und genetisch gesunde Okapi-Population auch außerhalb dieses kleinen Lebensraums aufrechtzuerhalten. Im Gegenzug verpflichten sich die Zoos, das Okapi-Reservat finanziell zu unterstützen.

Leider ist der ohnehin nicht allzu große Okapi-Wald zahlreichen Bedrohungen ausgesetzt, vor allem durch Abholzung für Agrarwirtschaft und Rohstoffabbau. Im Sommer 2012 erlitt das Zentrum einen besonders harten Schlag, als es von bewaffneten Rebellen angegriffen wurde. Die Station wurde niedergebrannt, Ranger wurden ebenso getötet wie Okapis. Die Attacke war auch ein harter Rückschlag für Hoffnungen und Pläne, einen lokalen Natur- und Ökotourismus zu etablieren, der Arbeitsplätze, Infrastruktur und Geld für das Projekt in die Region bringen sollte.

Und warum haben Waldgiraffen jetzt zebraartige Streifen an den Beinen? Nun, zur besseren Tarnung. Die Streifen ähneln dem von oben durch die Blätter der Bäume scheinenden Sonnenlicht auf dem Waldboden. Was nicht nur sehr poetisch klingt, sondern auch hübsch anzusehen ist. Weniger hübsch findet man vielleicht die erstaunliche Okapi-Zunge, die sehr beweglich ist und bis zu 45 Zentimeter lang sein kann. Damit angeln die Tiere nach Blättern, wie man es auch von Giraffen kennt.

In Deutschland kann man Okapis übrigens in den Zoos von Berlin, Köln, Wuppertal, Frankfurt, Stuttgart und Leipzig bewundern – und das ist immerhin handfester als die immer noch nicht erfolgte Sichtung eines Einhorns – oder einer Gürefatte.

Das Pangolin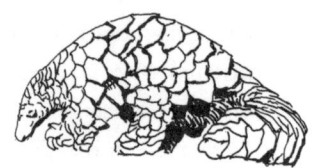

Was macht eine Art erfolgreich? Anpassungsfähigkeit und Erfindungsreichtum sind in jedem Fall wichtige Zutaten. So waren die Primaten äußerst behänd, was sowohl ihre körperlichen als auch ihre geistigen Fähigkeiten anbelangt. Am Ende, wir kennen die Geschichte, hat die Art, die raus aus den Wäldern und rein in die Savanne zog, in kürzester Zeit die ganze Erde erobert und feiert sich als Krone der Schöpfung. Unser ganzes Selbstverständnis basiert auf dieser Annahme. Der Mensch hat gewonnen, alle anderen haben sich unserem Willen zu fügen. Auch die Schuppentiere.

Dabei waren auch sie dereinst auf einem guten Weg. Auch sie sind Kinder der Alten Welt. Auch sie haben verschiedenste Lebensräume erobert. Die acht noch existierenden Arten finden sich heute sowohl in den Baumkronen der Regenwälder als auch bodenlebend in Savannen.

Vor allem aber haben sie einen ziemlichen Coup gelandet, was ihre ökologische Nische anbelangt. Damit bezeichnen Biologen die Marktlücke, die ein Organismus besetzt, um sich vor Konkurrenz zu schützen, und die zeigt sich oft beim Fressen. Also bietet es sich an, die Palette möglicher Beutetiere genauer unter die Lupe zu nehmen.

Wovon gibt es fast unendlich viel, aber kaum einer mag es? Richtig, Ameisen und Termiten. Bissig und sauer, sowas frisst kein anständiges Raubtier. Gleichzeitig bilden diese Insekten eine schier unerschöpfliche Ressource.

Also verabschiedeten sich die Schuppentiere von ihren Zähnen, legten sich eine lange, klebrige Zunge zu und starke Krallen zum Aufreißen von Termitenbauten, und sie bewehrten sich mit im Reich der Säugetiere einzigartigen Keratin-Schuppen, die ihnen im zusammengerollten Zustand den Anblick von gigantischen Artischocken verleihen und ihren international gebräuchlichen Namen Pangolin, was so viel heißt wie »der, der sich zusammenrollt«.

Über Jahrmillionen lebten sie so vor sich hin zwischen Afrika und Asien, überall da, wo es Termiten und Ameisen gab. Sie fraßen nie mehr, als nachwachsen konnte, und waren für ihre Feinde so unangenehm zu knackende Leckerbissen, dass sie nie ausstarben. So in etwa dürfte der paradiesische Zustand eines ökologischen Gleichgewichts aussehen. Und da sie auch nie auf die Idee kamen, den Ozean zu überqueren, blieb ihnen die Identitätskrise erspart, die einen ergreift, wenn man merkt, dass man doch nicht so einzigartig ist, wie man immer dachte. Denn in der Neuen Welt Amerikas waren Ameisenbären und Gürteltiere auf exakt dieselbe Idee gekommen, sich auf den nachwachsenden Rohstoff Termiten zu stürzen.

Das Ergebnis dieser identischen Vorliebe ist in der Tat verblüffend: Schnauze, Zunge, Krallen – quasi baugleich bei Ameisenbär und Pangolin. Nur tragen die Südamerikaner statt Schuppen einen klassischen Pelz.

Gute Ideen haben eben doch weniger mit individueller

Genialität zu tun, sondern liegen vielmehr in der Luft. Auch für die Evolution gilt das marktwirtschaftliche Prinzip der Dynamik – ständig entstehen neue Möglichkeiten und Bedürfnisse, die zu entsprechenden Anpassungen führen.

Und damit sind wir schon beim Schicksal der Schuppentiere. Als sie sich für Schuppen und gegen Fell entschieden, konnten sie nicht ahnen, dass sie dereinst genau deshalb weltweit gejagt und aufgegessen werden würden. Und warum? Weil es geht. Weil der globale Markt es möglich macht, dass eine Mode in wohlhabenden Teilen Asiens dazu führt, dass Menschen in Afrika und Asien Pangoline jagen, um von dem Lohn den Lebensunterhalt ihrer Familien zu sichern – in Asien sind nämlich ausgerechnet die Schuppen beliebt. Das Wesen des globalen Marktes in seiner ungezähmten Form macht so etwas möglich. Wir können weltweit täglich Erdbeeren essen oder Avocados oder eben – Pangolin-Schuppen. Und es gibt viele Menschen, die das gut finden. Weil es ihrem Begriff von Freiheit und Selbstbestimmung entspricht. Ich konsumiere, also bin ich.

Diese Möglichkeit war uns mit dem Ausbruch der Corona-Pandemie plötzlich abhandengekommen. Wir wurden beherrscht, von einem unsichtbaren Virus. Und plötzlich stand das Schuppentier am Pranger. Bei der Suche nach möglichen Überträgern des Virus vom Tierreich auf den Menschen galt es als einer der ersten Hauptverdächtigen.

Die *Frankfurter Allgemeine Zeitung* stellte die Frage in den Raum, ob es sich bei Corona um »Die Rache des Schuppentiers« handele? Auch wenn die Schuppentiere von der Wissenschaft bald aus dem engeren Kreis der möglichen Quellen der Pandemie herausgenommen wurden – so oder so wäre die Antwort: nein. Schuppentiere haben keine Rachegelüste. Ein Pangolin gelüstet es nach Termiten – und Sicherheit. Es ist Teil der evolutionären Schöpfung, es will nicht beherrschen, nicht unsterblich sein, sondern einfach nur existieren und seine Bedürfnisse stillen. Natürlich sind das keine Gedanken, die sich ein Schuppentier morgens beim Frühstück macht – aber es verhält sich so.

Genau dies ist es, was einen Teil der Faszination ausmacht, wenn wir Tiere beobachten. Es ermöglicht uns, einzutauchen in die Natur, uns ihr zugehörig zu fühlen.

An irgendeinem Punkt ist uns dies verloren gegangen auf unserer steten Hatz nach neuen Märkten, Chancen und Gelegenheiten, etwas zu tun. Irgendetwas, egal was, es muss keinen Sinn stiften, keinen Mehrwert generieren, Hauptsache, es unterscheidet uns – von unseren Vorfahren, unseren Nachbarn, von uns selbst, wie wir gestern waren.

Diese Hatz war 2020 zum Stillstand gekommen. Abrupt. Weltweit. Und was haben wir getan? Wir haben uns eingerollt wie ein Pangolin, wir haben gehofft, dass unser Schuppenkleid uns beschützt und dass der Sturm an uns vorüberzieht. Die Botschaft des Schuppentiers. Vielleicht ist sie ja gerade noch zur rechten Zeit gekommen.

Das Panzernashorn

Das in Europa berühmteste Nashorn vergangener Jahrhunderte hieß Clara. Geboren wurde Clara im Jahr 1738 in der indischen Region Bengalen. Nachdem das Muttertier von Jägern getötet worden war, nahm der Direktor der Niederländischen Ostindien-Kompanie, Jan Albert Sichterman, das verwaiste Jungtier bei sich auf. Zwei Jahre lang durfte Clara bei Sichterman frei im Garten herumlaufen, dann wurde sie ihm zu groß und er verkaufte sie an einen niederländischen Kapitän und Schausteller, der Clara auf seinem Schiff mit nach Europa nahm. Viele Nashörner vor Clara hatten eine solche Reise nicht überlebt oder waren gleich nach ihrer Ankunft gestorben. Clara jedoch, zahm und in Gesellschaft von Menschen aufgewachsen, überstand die Sache bei guter Gesundheit und begann so eine fast zwanzig Jahre andauernde Karriere als exotische Wandersensation, die sie durch ganz Europa führte. Als erstes lebendes Nashorn, das die Menschen hier zu Gesicht bekamen, wurde sie auf zahlreichen Gemälden, Stichen, Holzschnitten, als Porzellandekor sowie in Texten, Liedern und Gedichten verewigt. In Paris sorgte sie dafür, dass Nashorn-Uhren und andere Nashorn-Accessoires groß in Mode kamen, sogar Perücken *à la rhinocéros* soll es gegeben haben (wie auch immer die ausgesehen haben mögen).

Clara war ein indisches Panzernashorn. Im Gegensatz zu den afrikanischen Spitz- oder Breitmaulnashörnern haben diese nur ein Horn, weshalb ihr lateinischer Name auch *Rhinoceros unicornis* lautet, also »Einhorn-Rhinozeros«, was natürlich sehr fabeltierhaft klingt.

Aber tatsächlich sind sie ganz real. Real und riesig. Große Exemplare können sich zu 2,7 Tonnen schweren Kolossen mit über 1,90 Meter Schulterhöhe auswachsen. Es ist schon eine Leistung, das mit rein veganer Ernährung hinzukriegen: Wie Kühe grasen Nashörner friedlich vor sich hin, allenfalls ein paar Blätter, Zweige und Früchte ergänzen den Speiseplan. Da muss man als Nashorn schon 150 Kilo Grünzeug am Tag in sich reinmampfen, um satt zu werden. Dieser Ernährungsweise entsprechend lebt das Panzernashorn gern in offener, mit ein paar kleinen Wäldern gesprenkelter Graslandschaft, bevorzugt in Flussnähe. Panzernashörner sind gute Schwimmer, auch das unterscheidet sie von den afrikanischen Verwandten, und unter Wasser holen sie sich gern die ein oder andere Sumpfpflanze zur Erweiterung des Nahrungsspektrums.

Charakteristisch für Nashörner sind die vielen extravaganten Faltenwürfe ihrer Haut, wobei die des Panzernashorns außerdem noch von mengenweise Knubbeln überzogen ist. Einen Panzer hat das Panzernashorn aber gar nicht, die Haut ist zwar dick, dennoch empfindsam und verletzbar. Durch diese Hautstruktur wird das Tier nun zu einem hochbeliebten Biotop für alle möglichen Parasiten. Blutegel, Bremsen, Würmer und alles mögliche andere Kleingetier macht es sich gern zwischen den Falten und Knubbeln gemütlich und hält sich von dieser Position aus schadlos, was natürlich ein legitimes Interesse von Blutegeln und Bremsen ist, für die Nashörner aber lästig. Weshalb sie ihrerseits nichts dagegen haben, wenn sich auf ihrem Rücken ein paar Vögel niederlassen, welche ihnen diese Bewohner von der Haut picken. So bilden Nashörner und einige Vögel eine ökologische Gemeinschaft, von der beide Seiten profitieren. Noch interessanter aber ist vielleicht die ökologische Beziehung zwischen Nashörnern und Elefanten, die es in dieser Form sowohl in Asien als auch in Afrika gibt. So suchen Nashörner gern die Nähe von Elefanten, deren Eigenschaft, Dinge niederzutrampeln, und damit Pfade und Landschaften zu öffnen, den Nashörnern gut zupass kommt. Das Lieblingsgras der Nashörner heißt denn auch »Elefantengras«; sie angeln es sich mit ihrer feinen, beweglichen Oberlippe.

Leider können weder Vögel noch Elefanten irgendetwas dagegen ausrichten, dass Jäger der Spezies *Homo sapiens* es in bitterer Sinnlosigkeit auf das Rhinozeros abgesehen haben, weil seinem Horn, speziell in der traditionellen Chinesischen Medizin, allerlei Wirkungen zugeschrieben werden, gegen Kopfschmerzen und Kater, Fieber und Entzündungen und seit einiger Zeit sogar gegen Krebs. Mancher findet es aber wohl auch einfach nur schick, seinen Gästen zum Dessert etwas so Teures und Verbotenes wie Nashornpulver anzureichen. Man kann den Wert des Nashorn-Horns inzwischen in Gold aufwiegen. Wobei Käufer mutmaßlich darauf bestehen dürften, das Horn im Ganzen zu kaufen, denn fertig gemahlen ließe es sich von anderem Horn nicht unterscheiden – von irgendwelchen profanen Hufen etwa, von Krallen, Klauen, Stacheln, Schnäbeln, Panzern, Haaren oder menschlichen Fingernägeln – sie alle bestehen nämlich einfach nur aus Keratin, einem faserigen Protein, das wir und fast alle anderen Tiere ständig selbst fabrizieren. Von wegen Gold.

Schon bevor die Nashornjagd überhandgenommen hat, wurde der Lebensraum des Panzernashorns durch Landwirtschaft stark verkleinert. Bis ins siebzehnte Jahrhundert liefen die Einhörner noch überall im nordindischen Raum herum, vom Norden Pakistans über Nepal und Bangladesh bis an die burmesische Grenze. Heute leben sie, wie viele Tiere, nur noch in einigen kleinen, fragmentierten Gebieten im Nordosten von Indien und im nepalesischen Tiefland. Immerhin ist es gelungen, ihre Beinahe-Ausrottung vor gut hundert Jahren gerade noch aufzuhalten, vor allem durch die Einrichtung von Schutzzonen in Nationalparks. So leben um die siebzig Prozent der insgesamt wieder circa 3700 Tiere umfassenden Panzernashornpopulation im Kaziranga-Nationalpark im indischen Bundesstaat Assam, wo sie sich zuletzt auch wieder etwas vermehrt haben. Die Beschränkung auf einen einzelnen kleinen Lebensraum birgt aber immer die Gefahr großer Abhängigkeit: Sollte es für den Kaziranga-Nationalpark mal irgendwelche Probleme geben, seien sie natürlicher oder politischer Art, droht gleich wieder das Aussterben. Auch der genetischen Vielfalt ist so ein begrenzter Lebensraum nicht zuträglich, weshalb regelmäßig einzelne Tiere aus anderen Gebieten in den Kaziranga-Nationalpark umgesiedelt werden.

Und natürlich leben auch einige Panzernashörner in den Zoos dieser Welt. Zentral ist hier der Zoologische Garten Basel, wo das internationale Panzernashorn-Zuchtbuch geführt wird, in dem die Stammbäume aller Zootiere festgehalten sind, um Inzucht zu vermeiden.

Auch das vielleicht berühmteste Nashorn-Bildnis, das *Rhinoceros* von Albrecht Dürer, zeigt ein indisches Panzernashorn. Dürer schuf den Holzschnitt im Jahr 1515 nach dem Vorbild eines von portugiesischen Seefahrern mitgebrachten Tiers, das nach seiner Ankunft in Lissabon zunächst mal eine Art Gladiatorenkampf gegen einen Elefanten absolvieren musste, bevor es an Papst Leo X. verschenkt wurde und während der Überfahrt nach Rom verstarb. Mutmaßlich hat Dürer sein Rhinoceros niemals selbst gesehen, und bis zu Claras Ankunft in Europa mussten noch mehr als zweihundert Jahre vergehen. Schön wäre es ja, wenn auch noch *in* zweihundert Jahren das ein oder andere *Rhinoceros unicornis* (oder tatsächlich überhaupt irgendein Nashorn) auf der Erde herumlaufen würde.

Die Partula-Schnecken

Tahiti, Bora-Bora, Palau – polynesische Südsee-Paradiese mit üppig grünem Regenwald, Korallenriffen, Traumstränden. Und Schauplatz eines extrem blutigen Krieges. Nein, falsch: eines extrem schleimigen Krieges.

Als der berühmte englische Seefahrer und Entdecker James Cook vor rund 250 Jahren Polynesien für die britische Krone erforschte, stieß er auf Ureinwohner, die eine ausgeprägte Leidenschaft für Schnecken pflegten. Werden diese Weichtiere bei uns eher als Gartenschädlinge gefürchtet oder als Vorspeise mit Kräuterbutter beträufelt, beschenkten sich die Polynesier mit Ketten und Amuletten, die sie aus den Häusern der mit ein bis zwei Zentimeter Länge recht winzigen Mollusken fertigten. Vor allem als diplomatische Gastgeschenke beim Besuch anderer Inseln stand der Schneckenschmuck hoch im Kurs. Grund dafür: die Evolution. Denn jede der zahlreichen Südsee-Inseln hat eigene, ganz unterschiedlich gefärbte Landschnecken-Arten, sodass mit ihren Häusern einzigartige, weil eben nur auf der jeweiligen Insel mögliche Schmuckstücke gefertigt werden konnten. Die Naturforscher im Team von Cook sammelten eifrig die Schneckenarten der verschiedenen Inseln ein, die anschließend in Europa wissenschaftlich beschrieben wurden. Sie bekamen den Namen *Partula*, benannt nach einem Trio römischer Schicksalsgöttinnen, in deren Zuständigkeitsbereich auch Geburten fielen.

Denn die Partula-Schnecken haben eine weitere Besonderheit: Sie gebären lebende Junge, während fast alle anderen Schnecken der Welt Eier legen. Damit es aber überhaupt erst mal zur Geburt kommt, paaren die Schnecken sich vorher. Schnecken-Erotik ist allerdings ziemlich eigen, zumindest aus menschlicher Sicht. Dabei haben es die Weichtiere im Grunde sehr praktisch, denn jede Partula-Schnecke ist zugleich Männchen und Weibchen, sie verfügt also sowohl über einen Schneckenpenis als auch über eine weibliche Geschlechtsöffnung. Was bedeutet: Jede Schnecke kann mit jeder anderen Schnecke Kinder kriegen, was die Auswahl an potenziellen Partnern im Vergleich zum Menschen schon mal verdoppelt. Und wenn sich partout niemand finden lässt – auch kein Problem. Dann befruchtet die Partula-Schnecke sich eben selbst. Der Albtraum aller Romantiker und von elite-partner.de.

So schleimten die Partula-Schnecken über die Jahrtausende gemächlich durch die Wälder Polynesiens und fraßen Algenaufwuchs auf Stämmen, Blättern und abgestorbenes Pflanzenmaterial.

Ihr Unglück begann damit, dass die französischen Kolonialherren von ihrer Vorliebe für Schnecken mit Kräuterbutter auch 15 000 Kilometer von ihrer alten Heimat entfernt nicht lassen konnten. Partula-Schnecken schmecken aber nicht so richtig. Und weil Weinbergschnecken in diesen tropischen Breiten nicht gediehen, importierten die Siedler afrikanische Achatschnecken. Die sind sogar noch fetter als Weinbergschnecken und schmecken auch ganz lecker. Allerdings landeten nicht alle Achatschnecken im Kochtopf – einige konnten entkommen, und für sie entpuppten die Südsee-Inseln sich tatsächlich als Paradies. Sie vermehrten sich in atemberaubender Geschwindigkeit und raspelten besonders gerne Nutzpflanzen, aber auch das Lieblingsfutter der Partula-Schnecken weg. So viele Achatschnecken konnten die Inselbewohner aber gar nicht mehr essen, wie plötzlich über die Inseln krochen, und so beschlossen sie im Jahr 1974, sich Verstärkung zu holen. Schnecken mit Schnecken bekämpfen, lautete der Plan.

Und so engagierten sie eine berüchtigte Killer-Molluske: die Rosige Wolfsschnecke aus Florida. Sie ist eine Art Lenkrakete unter den Weichtieren. Die Räuber können den Schleim ihrer Opfer wittern und sind drei Mal so schnell wie normale Schnecken. Also immer noch ziemlich langsam. Eine Art Lenkrakete in Zeitlupe. Die findet aber unerbittlich ihr Ziel, schlägt ihr Raspelmundfeld in das Opfer und verputzt es mit Haut und Fühlern.

Dumm nur: Die Achatschnecken mundeten den Rosigen Wolfsschnecken nicht besonders. Sie fanden Partula-Schnecken besser. Und so vertilgten die Rosigen Wolfsschnecken nach und nach die einheimischen Partulas.

Mit dramatischen Folgen: Von den ursprünglich rund 75 Partula-Arten leben in Polynesien heute nur noch 14. Elf weitere konnten vor ihrer Ausrottung von Zoos und wissenschaftlichen Institutionen gerettet werden, die daraufhin ein koordiniertes Zuchtprojekt für die schleimigen Winzlinge mit den Stielaugen starteten. Mit großem Erfolg – von vielen Arten konnten inzwischen Tausende Tiere nachgezüchtet werden, und nachdem in einigen Südsee-Gefilden die Rosige Wolfsschnecke ausgemerzt worden ist, sind bereits erste Rückführungen und Wiederaussiedlungen gelungen.

Es sieht so aus, als könnten somit zumindest einige dieser außergewöhnlichen Weichtiere sich allmählich wieder erholen – im Schneckentempo eben.

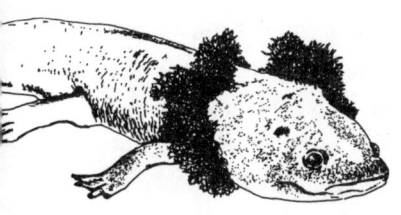

Der Pátzcuaro-Querzahnmolch

Ewige Jugend, wer wollte das nicht? Aber die Schönheits-chirurgen könnten glatt einpacken, wenn wir alle wären wie der Pátzcuaro-Querzahnmolch. Wegen seines bezaubern-den Aussehens? Na ja: die einen sagen so, die anderen so. Der fast 50 Zentimeter lange, schlammfarbene, nackt-glip-schig-wabbelige Lurch mit dem sehr breiten Kopf und dem noch breiteren Maul sowie weit vom Hals abstehenden, wie zusammengetackerte Klobürsten aussehenden Außenkie-men würde es nach gängigen Schönheitsidealen vielleicht nicht mit Brad Pitt oder Heidi Klum aufnehmen können. Umgekehrt allerdings würde der durchschnittliche Quer-zahnmolch vermutlich auch eher wenig entzückt auf Brad Pitt oder Heidi Klum blicken. Es ist halt alles eine Frage der Role Models. Aber Einigkeit besteht ja bei fast allen da-rüber, dass es besonders erstrebenswert sein soll, möglichst lange möglichst jung auszusehen, und da ist dieses Amphi-bium klar im Vorteil. »Forever young« ist sein Programm: Es bleibt einfach für immer ein Jugendlicher.

Als vor rund 400 Millionen Jahren im Devon die ers-ten Amphibien noch zaghaft das Meer verließen und an Land gekrochen kamen, galt das gemeinhin als großer Fort-schritt in der Entwicklungsgeschichte des Lebens. Zugegeben, wenn man sich heute an Land umschaut, könnte man darüber auch geteilter Meinung sein. Der Pátzcuaro-Querzahnmolch jedenfalls hat die Sache für sich klar entschieden: Er hatte genug von draußen und ist wieder zurück ins Wasser gegangen. Die meisten Amphibien durchlaufen die Evolutionsgeschichte im Lauf ihres Lebens im Zeitraffer: Als Larve oder Kaulquappe schwimmen sie mit Kiemen im Wasser, dann wandeln sie sich in der Metamorphose um, bilden Lungen aus und kriechen schließlich an Land, um fortan dort zu leben. Anders der Pátzcuaro-Querzahnmolch: Weil in seiner Heimat, dem Hochland von Mexiko, die Lebensbedingungen im Lauf der letzten paar zehntausend Jahre zunehmend lurchfeindlicher, weil immer trockener wurden, bleibt er lieber im Wasser und behält viele seiner Jugendmerkmale einfach bei. Die Kiemen etwa oder große Teile seines jugendlichen Gewebes. Mit erstaunlichen Effekten: Da bleibt nicht nur die Haut immer schön straff – selbst wenn er mal ein Bein verliert, wächst es ihm einfach nach. Das soll Brad Pitt ihm erst mal nachmachen.

Weil der Pátzcuaro-Querzahnmolch aufgrund dieser radikalen Umstellung seiner Lebensgewohnheiten nun aber den Pátzcuaro-See nicht mehr verlassen kann, kommt er zwangsläufig nur genau dort vor. Und da zeigt sich, dass mangelnde Mobilität auch ihre Nachteile hat. Der See leidet nämlich unter massiver Verschmutzung, außerdem gelten die fetten Amphibien seinen menschlichen Anwohnern als Leckerbissen, weshalb sie die Tiere tonnenweise aus dem Wasser geholt haben. Weil sie aber auch nicht immer nur Lust auf Lurch hatten, haben sie Fische im See ausgesetzt, die den Molchen nun auch noch unter Wasser Konkurrenz machen. So schwand die Zahl der Tiere immer weiter, bis fast keine mehr übrig waren.

Gerettet hat sie letztlich nur geistlicher Beistand, auf eine sehr skurrile Weise: Ein Nonnenkloster am Ufer des Sees hat sich seit alters her darauf verlegt, aus den Amphibien einen Hustensaft herzustellen, dem Wunderkräfte nachgesagt werden und der dem Orden eine ordentliche Einnahmequelle bescherte. Als nun nach und nach der entscheidende Rohstoff für den Molchsaft ausging, nämlich die Molche, griffen die geistlichen Schwestern zur ganz weltlichen Selbsthilfe und begannen damit, in den Gemäuern ihres Klosters die Amphibien zu züchten. Sie waren damit höchst erfolgreich, sodass nicht nur die Hustensaftproduktion ungestört weitergehen konnte, sondern auch die Pátzcuaro-Querzahnmolche vor dem Aussterben bewahrt wurden. Denn während Unklarheit darüber herrscht, ob im See selbst heute überhaupt noch eine überlebensfähige Population dieser Amphibien vorkommt, tummeln sie sich gesund und munter in den Aquarien im Kloster, und inzwischen auch in Zoos und bei privaten Molchhaltern weltweit, die sich liebevoll um ihr Überleben kümmern. Auf dass sie forever young bleiben, forever young.

Das Philippinen-Krokodil

Eulen nach Athen tragen kann ja jeder – aber Philippinen-Krokodile auf die Philippinen zu bringen, das ist schon eine eigene Liga. Und das auch noch mitten in den Wirren der Corona-Pandemie.

Als Hulky und Dodong am 15. Dezember 2020 in Manila eintrafen, wurden sie dort von einem waschechten Begrüßungskomitee mitsamt Begrüßungsspruchbanner erwartet. Ein Fernsehsender berichtete ausführlich über die Rückkehr der Celebritys aus dem Exil. Dabei hatten Hulky und Dodong ihre Heimat nie zuvor gesehen. Als echte Rheinländer waren sie im Aquarium des Kölner Zoos aus dem Ei geschlüpft, sorgsam behütet von ihrer Mutter.

Überhaupt muss hier mal gleich zu Beginn mit dem Mythos des Krokodils als Killermaschine mit der Empathie eines Autoreifens aufgeräumt werden. Man darf natürlich nicht die Fische, Frösche und Ratten fragen, die so ein Philippinen-Krokodil frisst, aber ansonsten tun diese rund zwei, selten mal gut drei Meter langen Panzerechsen niemandem etwas zuleide. Um ihren Nachwuchs kümmern sie sich aufopferungsvoll. Dass Krokodile eierlegend sind und ihnen als wechselwarme Reptilien die Kernkompetenz des Bebrütens fehlt, nämlich das Erzeugen von Körperwärme, hindert sie nicht daran, sich aktiv um den heranreifenden Nachwuchs zu kümmern. Philippinen-Krokodile schieben am Ufer ihrer Wohngewässer eifrig feuchtes Laub und Äste zu einem anderthalb Meter hohen Nisthügel zusammen, den sie in den folgenden drei Monaten nicht nur argwöhnisch bewachen (wobei sie jedem Eindringling umgehend die Krokodilszähne zeigen) – durch ständiges Nachfeuchten, Nachschieben oder auch Rauszuppeln des verrottenden Nistmaterials stellen sie auch die idealen Temperaturwerte für die Eier ein, die im Inneren dieses Komposthaufens de luxe vor sich hin brüten. Wenn die Kleinen dann schlüpfen, machen diese durch quietscheentenähnliche Rufe noch im Ei auf sich aufmerksam. Sogleich eilt die Mutter zum Nest, um das Gelege zu bergen. Dann nimmt sie ein quakendes Ei vorsichtig ins Maul und trägt es zum Wasser, wo sie die Eischale mit ihren spitzen Zähnen vorsichtig öffnet und so das Jungtier befreit. Einige der Kleinen schlüpfen auch schon selbstständig im Nest, bekommen dann aber wenigstens noch das Eltern-Taxi bis zum Wasser. Dort bewacht die Mutter die Jungen noch eine Zeitlang und verteidigt sie gegen herannahende potenzielle Übeltäter.

So geschah es auch im Kölner Zoo, wo Hulky und Dodong im Juli 2015 das UV-Halogen-Metalldampflampenlicht der Aquarienwelt erblickten (das sind Speziallampen, die in der Reptilienhaltung weit verbreitet sind) und wo das Brutpflegeverhalten der Philippinen-Krokodile intensiv erforscht werden konnte.

Denn in der Natur sind solche Beobachtungen praktisch unmöglich. Philippinen-Krokodile sind die seltensten Krokodile der Welt. Nur noch rund hundert Tiere leben weit zurückgezogen in wenigen versprengten Rückzugsgebieten.

Früher waren sie im Inselreich weit verbreitet. Ihr Niedergang setzte in der ersten Hälfte des 20. Jahrhunderts ein, als weltweit große Nachfrage nach Krokodilleder bestand und die urtümlichen Riesenechsen als schwimmende Handtaschen betrachtet wurden, was damals nicht nur die Philippinen-Krokodile, sondern fast alle der 25 Krokodilarten an den Rand der Ausrottung brachte. Als endlich internationale Schutzmaßnahmen und Handelsregularien erlassen wurden, konnten viele Arten sich gut erholen. Denn an sich haben Krokodile eine ganz komfortable Position an der Spitze der Nahrungspyramide, legen reichlich Eier und passen gut auf den Nachwuchs auf.

Was sie aber zwingend brauchen, ist Platz. Der wurde auf den Philippinen immer knapper, weil die Panzerechsen bevorzugt dort leben, wo es auch Menschen hinzieht: in die Umgebung von Gewässern im Tiefland. So wich der Kroko-Lebensraum den sich ausbreitenden Siedlungen, Reisfeldern und Plantagen. Wo sich noch eines der Tiere zeigte, wurde ihm prompt eins übergebraten, denn das Philippinen-Krokodil hatte lange Zeit eindeutig ein Image-Problem. Es hat kein flauschiges Fell, kann keinen herzzerreißenden Hundeblick, singt nicht lieblich, Aussehen ist auch Geschmackssache – und vor allem hat es einen Verwandten, der ein ganz anderes Kaliber ist. Das mit bis zu sieben Metern Länge erheblich größere Leistenkrokodil kommt nämlich auch auf den Philippinen vor, und es pflegt einen burschikosen Pragmatismus in Sachen Futterbeschaffung. Ob Hirsch, Wildschwein oder Mensch – es ist ihm einerlei,

Hauptsache, der Bauch ist hinterher voll. Entsprechend unattraktiv finden Filipinos es für gewöhnlich, wenn ein Krokodil an ihrer Bade- oder Bootsanlegestelle auftaucht, und da wird dann auch nicht groß differenziert, ob es sich um ein noch junges Leisten- oder eben ein grundsätzlich eher harmloses Philippinen-Krokodil handelt (das zudem, wir wollen es nicht verschweigen, trotz seiner tadellosen Manieren natürlich auch ordentlich zubeißen kann).

Wer sich darüber ereifern will, der denke an das Geschrei, das hierzulande anhebt, sobald sich irgendwo mal ein Wolf blicken lässt – und verglichen mit einem Philippinen-Krokodil ist der dann eben doch nur ein Schoßhündchen.

Und da, letzter Punkt, Philippinen-Krokodile kommerziell weniger interessant sind als andere Krokodilarten, gab es auch keine größeren Farmen, die sich ihrer Zucht widmeten. Solche Kroko-Farmen haben bei anderen Panzerechsen durchaus dazu beigetragen, die Bestände wiederaufzubauen und zu stabilisieren. So steht es beispielsweise um den China-Alligator in der Natur auch nicht besser, aber er wird wenigstens zu Zehntausenden auf Alligatorfarmen gezüchtet. Das Philippinen-Krokodil war gegen Ende des 20. Jahrhunderts jedoch praktisch verschwunden.

Mit den wenigen Tieren, die auf den Philippinen in menschlicher Obhut lebten, wurde im letzten Moment ein Erhaltungszuchtprojekt ins Leben gerufen. 2006 wurden dafür 15 Jungtiere nach Europa gebracht und auf mehrere Zoos verteilt. So kamen die Eltern von Hulky und Dodong nach Köln. Im März 2020 sollten die beiden bereits recht stattlich herangewachsenen Jungreptilien in das Land ihrer Ahnen zurückkehren. Alles war schon für die Heim-

kehr vorbereitet, als plötzlich das Coronavirus die Flugver-
bindungen kappte und die internationale Logistik zusam-
menbrechen ließ. So blieb den jungen Krokodilen erst mal
nichts anderes übrig als den meisten Menschen in dieser
Zeit: zu Hause zu bleiben.

Mit einem Dreivierteljahr Verspätung ist die Übersied-
lung dann aber doch gelungen. Inzwischen haben auch
viele Filipinos erkannt, welchen Schatz sie da eigentlich haben mit diesem Krokodil, das nur auf ihren Inseln und nirgendwo sonst auf der Welt vorkommt. Hulky und Dodong
jedenfalls sollen eine bereits durch Wiederansiedlung neu
entstandene Population im Süden des Landes unterstützen. Zur Verstärkung werden zukünftig weitere europäische
Zoo-Krokodile erwartet – deren Nachkommen dann hoffentlich nicht mehr von Männern mit Gewehren, sondern
nur noch mit Kameras aufgelauert wird. Wie es echten Be-
rühmtheiten eben gebührt.

Der Pillendreher

Man muss sich Sisyphos als einen glücklichen Menschen vorstellen. Er rollt den Stein den Berg hinauf, wissend, dass er ihm kurz vor dem Ziel entgleiten und wieder ins Tal zurück poltern wird. Was soll's, in die Hände gespuckt und auf ein Neues.

Wer schon mal einen Pillendreher-Käfer dabei beobachtet hat, wie er versucht, mit seiner Kugel einen Sandhügel zu überqueren, wird denn auch unweigerlich dieses Helden der Arbeit aus der griechischen Mythologie gedenken. Im Gegensatz zu Sisyphos führen die Anstrengungen des Insekts jedoch am Ende meist zum Ziel. Gut, es kann schon mal dauern, aber nach dreißig bis vierzig vergeblichen Anläufen ändert auch der dümmste Käfer irgendwann die Route dergestalt, dass er sein Ziel erreicht – ein Loch, in dem er samt Kotkugel verschwindet.

Für die alten Ägypter war der Fall klar: Hier erklärt uns die Götterwelt *en miniature*, wie der Kosmos funktioniert. Die wohlgeformte Kugel stellt nichts Geringeres als die Sonne selbst dar, die vom Pillendreher auf ihrer Umlaufbahn bewegt wird, um des Abends im Erdreich zu versinken und am nächsten Tage wiederaufzuerstehen. Für dieses Meisterstück wurde der Skarabäus kurzerhand heiliggesprochen als

Symbol der beständigen Wiederkehr und damit des Lebens an sich.

Wie stets bei Mythen gibt es auch hier einen wahren Kern, der mit einer Hülle aus kulturellen Zuschreibungen garniert ist. Selbstverständlich entsteht auch der heiligste Pillendreher nicht aus sich selbst heraus, sondern aus einem Ei, aus dem eine Larve schlüpft, welche sich zu einer Puppe verwandelt, aus der dann ein neuer Käfer wird. Dieses Ei wird vom Weibchen in eine Dungkugel gelegt, welche – gut geschützt in einem unterirdischen Gang – der Larve als Futter dient. Zugegeben, der Käfer, der dann wieder an die Oberfläche krabbelt, sieht seiner Mutter zum Verwechseln ähnlich, da kann man schon mal auf die Idee kommen, hier habe jemand den Schlüssel zum ewigen Leben gefunden. Ein Missverständnis im Detail, und doch nicht weit von der Wahrheit entfernt.

Denn in der Tat bilden die sogenannten Dungkäfer, zu denen der Heilige Skarabäus gehört, so etwas wie den Maschinenraum des Lebens auf Erden: Ihr Job ist es, den ganzen Mist ihrer tierischen Verwandtschaft zu recyceln. Allein ein einziges Rindvieh scheidet pro Jahr das 19-Fache des eigenen Gewichts in Fladenform wieder aus, das sind mal locker zehn Tonnen pro Kuh und Jahr. Nicht auszudenken, was passieren würde, wenn die Dungkäfer ihre Arbeit einstellen würden.

Als Zoobesucher hat man nur selten Gelegenheit, das Schauspiel der eifrigen Abfallbeseitiger zu beobachten, was zum einen daran liegen mag, dass weder kleine schwarze Käfer noch Scheißerollen als besonders publikumswirksam gelten, zum anderen aber auch daran, dass Pillendreher in klassischen Terrarien zwar Kugeln rollen und verbuddeln können, aber eben kaum jemals wiederauferstehen. Sprich: Die Zucht klappte bislang nicht, und man musste regelmäßig neue Käfer besorgen. Das schien dann doch auf Dauer zu mühsam.

Dag Encke, der Zoodirektor des Tiergartens Nürnberg, hatte sich schon zu seiner Zeit als Kurator für Pillendreher begeistert und erste, noch erfolglose Zuchtversuche mit den Käfern angestellt. Das Problem bestand seiner Auffassung nach darin, dass das Mikroklima im Bodengrund für die Entwicklung der Larven der entscheidende Punkt sein muss. Als Direktor hatte er dann schließlich die Möglichkeit, diese Idee wieder aufzugreifen. Als er ein altes Flusspferdhaus in ein riesiges, begehbares Wüstenterrarium umbaute, wurde das ehemalige Badebecken der Flusspferde zur Brutkammer für Pillendreher. Ein ausgeklügeltes System aus unterirdischen Heiz- und Bewässerungsschleifen stellte sicher, dass die Feuchtigkeit aus unteren Schichten über die Kapillarwirkung der des Tags stark erhitzten Oberfläche nach oben gezogen wird – ein ziemlicher Aufwand für die Zucht von Dungkäfern, die es neben den Heiligen Skarabäen in tausenden weiteren Arten weltweit gibt.

Dass dieser Aufwand gerechtfertigt ist, wurde ihm aber endgültig klar, als das Haus fertig war und er nun Käfer für den Besatz bestellen wollte. Was früher gar kein Problem war, weil es überall, wo Huftiere unterwegs waren, nur so von ihnen gewimmelt hatte, gestaltete sich plötzlich außerordentlich schwierig.

Rinderzüchter aus Südafrika berichteten ihm davon, dass ihre Flächen buchstäblich zugeschissen seien, weil die

Dungkäfer verschwunden sind. Selbst in Mitteleuropa gilt inzwischen fast die Hälfte der hundert bekannten Dungkäfer-Arten als bedroht.

Ein Übeltäter scheint hierbei weltweit eine Rolle zu spielen: die Wurmkur für Huftiere, die in der intensiven Viehwirtschaft flächendeckend prophylaktisch durchgeführt wird, um möglichen Erkrankungen vorzubeugen. Einige Bestandteile der Medikamente landen als pures Gift in Fladenform auf dem Teller der Dungkäfer – mit fatalen Folgen. Nicht nur brechen die Käferpopulationen ein, die unverarbeiteten Exkremente bilden zudem auch noch klimaschädliches Methangas. Zudem bekommt es die Viehwirtschaft nach und nach mit einem veritablen Hygieneproblem zu tun, denn der unverarbeitete Kot bildet eine optimale Brutstätte für zahlreiche Krankheitserreger, die dann wiederum durch den Einsatz weiterer Medikamente in Schach gehalten werden müssen, die dann wiederum weitere Bodenorganismen schädigen – ein absurder Teufelskreis.

Man möchte ausrufen: »Es ist doch zum Verzweifeln, wo man hinguckt, ist die Kacke am Dampfen!« Tun wir aber nicht, denn wir halten es mit Sisyphos und denken positiv. Die Zucht im Flusspferdhaus ist inzwischen geglückt, und auch wenn sämtliche umgebaute Flusspferdbadebecken der Welt nicht ausreichen, um die Dungkäfer zu retten, so lehren sie uns doch, den Unrat zu durchdringen, den wir verursachen durch unsere eindimensionale, anthropozentrische Wachstumsgläubigkeit.

Auch wenn es hart ist, sich einzugestehen: Die Alten Ägypter hatten Recht. Ohne Pillendreher ist alles nichts. Es ist höchste Zeit, die Dungkäfer der Erde heilig zu sprechen.

Das Przewalski-Pferd

Bei Wildpferden denken die meisten Menschen wahrscheinlich zuerst an Mustangs, bekannt aus zahlreichen Westernfilmen, wie sie schön und erhaben durch die Prärien Nordamerikas galoppieren.

Aus zoologischer Sicht ist das allerdings nicht korrekt. Denn die Mustangs sind keine wirklichen Wildpferde, sondern verwilderte Hauspferde, die erst im 16. Jahrhundert mit den spanischen Konquistadoren überhaupt auf den Kontinent gelangt sind. Und ja, auch die ursprünglichen Bewohner der amerikanischen Prärien, in den Westernfilmen Indianer genannt, wurden erst in Folge dessen zu Reitervölkern.

Echte Wildpferde, also nie von Menschen domestizierte Vorläufer der späteren Nutzpferde, gab es nur im asiatischen und im europäischen Raum. Gab es. Wirklich ursprüngliche Arten von Wildpferden gibt es auch dort schon seit verdammt langer Zeit nicht mehr, so lange, dass man kaum etwas darüber weiß, welche und wie viele Arten von Wildpferden es überhaupt einmal gab. Große Wildpferdgeheimnisse sind das.

Als letzte überlebende Wildpferdart galt jedenfalls das so genannte Przewalski-Pferd (sprich: »Pschewalski«), benannt nach seinem russischen Entdecker, Nikolai Michailowitsch

Przewalski, das aber auch unter dem Namen Tachi bekannt ist. Im Jahr 1878 brachte der Schädel und Fell einer bis dato unbekannten Pferdeart von einer Expedition aus der Mongolei zurück nach St. Petersburg, wo es dann wissenschaftlich beschrieben, benannt und klassifiziert wurde. Von solcherlei Schnickschnack wusste Dschingis Khan im Jahr 1226 noch nichts, als er nicht ganz gesicherten Überlieferungen zufolge auf einem Feldzug (was sonst) einem Przewalski-Pferd begegnete, worauf sein Reitpferd scheute und ihn abwarf – was Dschingis Khan mutmaßlich das Leben kostete.

Das Przewalski-Pferd ist im Vergleich zu den uns heute umgebenden Zuchtpferden klein und gedrungen, mit einem verhältnismäßig großen Kopf. Leider gab es schon bei ihrer Entdeckung nicht mehr allzu viele von ihnen. Das letzte Tachi in freier Wildbahn wurde im Jahr 1969 gesehen, von mongolischen Biologen. Als sie später noch einmal nach den Pferden suchten, konnten sie keine mehr finden. Man könnte also fast sagen: Przewalski-Pferde sind ausgestorben.

Aber eben nur fast. Um die Jahrhundertwende vom neunzehnten zum zwanzigsten wurden im Auftrag von Privatsammlern Tiere eingefangen, und auch der deutsche Zoodirektor Carl Hagenbeck kaufte einige für seinen Zoo. Das geschah zwar nicht aus edlen Motiven und die Fangmethoden waren auch nicht schön, aber letztendlich gehen alle heute lebenden Przewalski-Pferde auf diese eingefangenen Exemplare zurück.

Dabei waren selbst die Bestände in menschlicher Obhut zwischenzeitlich besorgniserregend abgesunken. Nur die Zoos in Prag und in München hielten Mitte des zwanzigsten Jahrhunderts noch einige wenige Tiere in ihren Gehegen. Erst mit der Etablierung von zoologischen Zuchtbüchern und einer Nachzucht, bei der es gezielt und systematisch um Arterhaltung ging, konnte ihr Bestand schließlich gepäppelt werden. Das ist natürlich eine großartige Nachricht. Eine genetische Untersuchung hat zudem ergeben, dass die Tachi-Population über eine gesunde genetische Vielfalt verfügt. Und das, obwohl die ganze heutige Population von nur 13 Tieren abstammt. Im Jahr 1992 wurden dann erste Przewalski-Pferde in der mongolischen Steppe ausgewildert. Um die 800 Tiere galoppieren dort inzwischen wieder herum.

Diese Genanalyse brachte aber auch noch andere Überraschungen ans Licht, eine teilweise Vermischung mit Hauspferden nämlich. Den etwas voreiligen Schluss, den Przewalski-Pferden gebühre der edle Titel des Wildpferdes deshalb nun gar nicht, muss man deswegen aber keineswegs teilen. Dass sie »nur« über Jahrtausende verwilderte Hauspferde seien, ist eine eher unwahrscheinliche Theorie. Vielmehr dürften die eingekreuzten Hauspferdgene auf eine spezielle Verhaltensweise der Tachis zurückgehen: Begegnen die Wildpferde nämlich irgendwo einer gezähmten Stute, dann entführen sie diese kurzerhand, gern auch mitsamt Fohlen. Die Stute wird eingekreist und galoppiert dann mit den Wilden von dannen – ein beinahe romantisch anmutendes Bild. Tachis wurden also eher nicht irgendwann mal domestiziert, viel mehr haben sie ihrerseits einige domestizierte Tiere entdomestiziert. Ist schließlich ihr gutes Pferderecht.

Die Round-Island-Boa

Als kleiner Junge lebte der Engländer Gerald Durrell in den 1930er-Jahren mit seiner Familie auf der griechischen Insel Korfu. Während sein älterer Bruder Lawrence dort dichtete und schrieb und später als aussichtsreicher Anwärter auf den Literaturnobelpreis galt, verbrachte seine Mutter ihre Zeit am liebsten damit, voller Begeisterung immer neue idyllische Orte auszusuchen, an denen sie sich später bestatten lassen wollte. Gerald selbst sammelte lieber Tiere. Er schleppte alles nach Hause, was er finden konnte: Landschildkröten, Eulen, Insekten – die reichhaltige griechische Natur war für ihn eine einzige Fundgrube.

In seinem späteren Leben sollte Durrell diese drei Eigentümlichkeiten seiner etwas exzentrischen Familie zu einem großen Gesamtpaket schnüren. Der Leidenschaft für Tiere blieb er zeit seines Lebens treu. Er reiste als Tierfänger auf der Suche nach seltenen Arten rund um den Globus und gründete schließlich einen eigenen Zoo auf der britischen Kanalinsel Jersey, um bedrohte Arten vor dem Aussterben zu retten. Mit seinem Bruder teilte er das Talent fürs Schreiben, seine Korfu-Erinnerungen *Meine Familie und anderes Getier* wurden zum internationalen Bestseller, insgesamt verfasste er 37 Bücher. Und vielleicht war es ja

Mutters Leidenschaft für idyllische Begräbnisstätten, die ihn 1976 schließlich nach Mauritius führte, eine Insel im Indischen Ozean, die bis heute als Paradies unter Palmen gilt – die aber auch den schaurigen Beinamen »Insel der ausgestorbenen Tiere« trägt.

Denn hier ruht einer deren prominentester Vertreter: der Dodo. Die flugunfähigen, pummeligen Riesentauben torkelten einst in großer Zahl über den Boden von Mauritius, genossen ihre Lieblingsspeise aus vergorenen Früchten und hatten nicht nur einen auffällig großen Kopf, sondern womöglich auch dauernd einen ordentlichen Brummschädel. Das war allerdings nicht der Grund, warum sie desinteressiert bis apathisch reagierten, als 1598 die ersten Europäer auf Mauritius anlandeten. Die beklagten zwar den mäßigen Geschmack der Riesentaube, die man zudem übermäßig lange kochen müsse, aber die Seefahrer nahmen, was sie kriegen konnten. Und Dodos konnten sie besonders leicht kriegen, weil die einfach nicht wegliefen (wegflogen ja schon mal gar nicht). Ebenso wie viele andere Inselbewohner rechneten die Dodos schlicht nicht damit, dass ihnen jemand etwas Böses wollen könnte.

Ein Fehler. Sie wurden zur leichten Beute von Matrosen und frühen Siedlern. Eingeschleppte Ratten, Schweine und Affen plünderten ihre schutzlos am Boden errichteten Nester, Ziegen, Hasen und Kaninchen verheerten die umliegende Vegetation. 1690 wurde letztmalig ein lebender Dodo gesichtet, danach war Schluss. »Dead as a dodo« sagt man im Englischen für »mausetot«. Einzig in *Alice im Wunderland* lebte der Dodo fortan weiter – und auf dem Staatswappen von Mauritius.

Der Dodo steht nicht allein mit seinem Schicksal. Mauritius-Grausittich, Mauritius-Gans, Mauritius-Nachtreiher, Mauritius-Papagei, Mauritius-Fruchttaube, Mauritius-Ralle, Mauritius-Ente – allesamt dead as a dodo. Der Name »Mauritius« scheint für Tiere nicht sonderlich förderlich fürs Überleben zu sein.

So gesehen kann die Round-Island-Boa noch richtig froh sein. Denn eigentlich lebte sie auf Mauritius eher unauffällig am Boden zwischen all den Dodo-Nestern vor sich hin. Und das schon seit 65 Millionen Jahren. Sie hat also nicht nur Dodos, sondern auch schon die Saurier überlebt. Das braune, schlanke, 90 bis 180 Zentimeter lange Tier, auch unter dem Namen Kielschuppen-Boa bekannt, ist ein echter Schlangen-Sonderling. Es verfügt über die seltsame Fähigkeit, den vorderen Oberkieferknochen nach unten abklappen zu können, während der hintere Teil gerade stehen bleibt. Möglich wird das durch ein Gelenk im Oberkieferknochen, und erforderlich wurde es, weil die Round-Island-Boa sich überwiegend von den walzenförmigen, glatt beschuppten und recht robusten Telfair-Skinken ernährt, einer ebenfalls ausschließlich auf Mauritius heimischen Echsenart, die sie mit diesem Trick trotz fehlender Arme effizient in sich hineinstopfen kann. Dieses sehr spezielle Oberkiefergelenk kann unter allen anderen Wirbeltieren der Welt sonst nur noch eine einzige Verwandte vorzeigen: die Mauritius-Boa. Und die ist – Sie ahnen es natürlich bereits bei dem Namen – schon ausgerottet. Das letzte Exemplar wurde 1975 gesichtet.

Als Gerald Durrell nach Mauritius kam, war ihm schnell klar, dass für viele Arten nichts mehr zu retten war. Aber

Ein prekäres Bestiarium

zum Glück gab es in noch isolierterer Lage eine noch isoliertere Insel: Round Island. Der Name ist Programm, das runde Vulkan-Eiland hat einen Durchmesser von ca. 1,8 Kilometern und erhebt sich ziemlich abrupt 280 Meter aus dem Indischen Ozean. Es liegt gut 20 Kilometer nordöstlich von Mauritius. Wegen seiner Unzugänglichkeit ist es vom Menschen und seinen Haustieren zwar länger verschont geblieben als Mauritius, aber von »unberührt« kann trotzdem keine Rede sein. Auch hier haben Ziegen und Kaninchen gewütet und die heimische, ohnehin karge Vegetation um neunzig Prozent reduziert. Gerald Durrell besuchte den Felsfleck und stieß auf einige letzte Exemplare verschiedener Arten, die auf Mauritius längst ausgerottet waren. Günthers Taggeckos etwa (einer der größten Geckos der Welt), die Telfair-Skinke – und eben die Round-Island-Boa. Sie alle lebten rund um die buchstäblich letzten Palmen der Insel. 1975 wurde die überlebende Population der Boas auf 50 bis 75 Tiere geschätzt. Ein einziger Zyklon hätte ausreichen können, der Art für immer das Licht auszublasen.

Dem Durrell-Team gelang es, Telfair-Skinke, Günthers Taggeckos und mit großem Such-Aufwand immerhin elf der Round-Island-Boas zu finden und nach Jersey zu bringen, wo in den dortigen Terrarien wichtige Erkenntnisse zur Biologie und Vermehrung gesammelt und eine Art Sicherheitskopie für diese zoologischen Unikate angelegt wurden. Gleichzeitig generierte Durrells Artenschutzorganisation Gelder, Aufmerksamkeit und Personal, um Round Island nach und nach zu restaurieren. Es wurde von unerwünschten tierischen Eindringlingen befreit, wieder aufgeforstet und fortan gut bewacht.

So erholten sich zunächst die ebenfalls fast ausgerotteten Telfair-Skinke, das Leibgericht der Round-Island-Boas. Mit dieser Grundlage schließlich gelang es auch den Schlangen wieder, nun ja, Fuß zu fassen. Ihr Bestand steigerte sich um stattliche 3000 Prozent, was erheblich eindrucksvoller klingt als eine Round-Island-Boa-Weltbevölkerung von circa 1500 Tieren, von der man heute ausgeht. Selbst in Brandenburg hat manches Dorf mehr Einwohner.

Dennoch gibt es Anlass zur Hoffnung: Später gelang es, auch die kleine Nachbarinsel Gunner's Quoin von Ratte & Co. zu befreien. Dorthin wurden 2007 einige Skinke und Geckos von Round Island umgesiedelt, und damit es denen nicht zu langweilig wurde, schickte man ab 2012 noch siebzig Round-Island-Boas als natürliche Prädatoren hinterher. Inzwischen beherbergen beide Inseln wieder stabile Bestände der Fressen-und-Gefressenwerden-Reptilienkommune.

Die Population im Zoo wurde zur Wiederherstellung dann letztlich gar nicht gebraucht. War sie also vergebens? Nein! Denn mit ihr wurde entscheidendes Wissen zusammengetragen, um die Maßnahmen vor Ort, die dann zum Erfolg führten, richtig umzusetzen. Und die beste Ex-situ-Aktion ist ohnehin die, die am Ende in situ gar nicht mehr benötigt wird, weil es eben auch anders geklappt hat. Nur weiß man das ja nun mal nicht vorher.

Wie fragil die Lage ohnehin bleibt, zeigte der Juli 2020. Vor Ile aux Aigrettes, einer weiteren kleinen Insel vor der Küste von Mauritius, die ebenfalls gerade mühsam reptiliengerecht wieder hergerichtet worden war, lief der Tanker Wakashio auf ein Korallenriff und zerbrach. Mehr als tau-

Ein prekäres Bestiarium

send Tonnen Öl traten aus und verseuchten die umliegenden Küsten. Die Sorge war außerdem groß, dass vom Schiff auch Ratten, Ameisen oder andere Invasoren auf die gerade erst wieder von derartigen Eindringlingen befreite Reptilien-Insel gelangen könnten.

Eine der Schiffshälften der Wakashio wurde später fachgerecht demontiert und entsorgt, die andere schleppte man trotz erheblicher Bedenken wegen möglicher Schwermetallbelastungen für die ganze Region einfach 15 Kilometer aufs Meer hinaus und versenkte sie dort in ungefähr 2 000 Metern Tiefe – mitten in einem bei Walen besonders beliebten Meeresgebiet für die Jungenaufzucht. Ein idyllisch gelegener Platz für die letzte Ruhe, sicherlich. Aber kaum anzunehmen, dass dieses Vorgehen bei den Durrells auf große Gegenliebe gestoßen wäre.

Der Schneeleopard

Wen würde das nicht reizen? Einmal zwischen den schnee-bedeckten Gipfeln des Himalaya-Gebirges dieses geheimnisvolle, geradezu mystische Wesen sehen, das, versehen mit einem dichten, perfekt isolierenden und dazu noch wunderschönen Pelz in mächtigen Sprüngen von bis zu 13 Metern Länge auch bei Tiefkühltruhen-Temperaturen unterwegs ist, so lautlos, heimlich und scheu, dass die Einheimischen von ihm ehrfürchtig als dem »Geist der Berge« sprechen.

Nein, die Rede ist hier nicht vom Yeti – den will ja sowieso nahezu jeder schon mal gesehen haben, der dort oben mal etwas länger herumgelaufen ist. Von einem besonders eindrucksvollen Sprungvermögen hat man bei dem auch nie gehört, und nach allem, was man weiß, spricht sein Äußeres nicht gerade für ihn. Ach was, Yeti – wir sprechen hier natürlich vom Schneeleoparden!

Als Einzelgänger durchstreift er im Hochgebirge Zentralasiens seine Reviere, die bis zu tausend Quadratkilometer groß sind, meist entlang steiler, zerklüfteter Felshänge, immer auf der Suche nach Steinböcken oder Bergziegen. Dabei dringt er in Höhen von bis zu 6 000 Meter über dem Meeresspiegel vor. Gegen das eisige Klima ist er bestens gerüstet. Seine stark behaarten Riesenpfoten verhindern das

Einsinken im Schnee, das Fell sorgt mit 4 000 Haaren pro Quadratzentimeter für optimale Wärmedämmwerte. Und wenn er sich zum Ausruhen hinlegt, nimmt er einfach den dicht behaarten Schwanz als Mund-Nase-Schutz gegen die kalte Luft. Weil Sauerstoff in großer Höhe knapp ist, verfügt er über vergrößerte Lungen und Brustkorb, und bevor die eiskalte Luft dorthin kommt, wird sie in der ausgesprochen großen Nase erst einmal ordentlich vorgewärmt.

Das Verbreitungsgebiet des Schneeleoparden ist riesig, aber genau hierin liegt ein Problem: Denn er hat am liebsten seine Ruhe. Und die Schneeleopardin auch. Das ganze Jahr über ist sie allein unterwegs und will vom Ollen nichts hören. Paarungsbereit ist sie nur an wenigen Tagen im Jahr. Da ist es einfach nicht leicht, in dem riesigen Gebiet den passenden Partner zu finden. Noch schwieriger aber ist es, seit noch ein Jäger von der Spitze der Nahrungspyramide in die eisigen Höhen der zentralasiatischen Gebirge vorgedrungen ist: der Mensch. Der steht mit dem Schneeleoparden in vielfacher Konkurrenz, um Fläche, um Beutetiere – und nicht zuletzt sogar um sein Fell und seine Knochen. Die Vorzüge des Pelzes werden weltweit geschätzt, die Katzenknochen gelten in der traditionellen chinesischen Medizin als Wundermittel. Obwohl in seinen Heimatländern überall unter Schutz, werden Schneeleoparden weiterhin häufig gewildert. Hinzu kommt, dass sie aus zunehmendem Mangel an natürlichen Beutetieren trotz ihrer natürlichen Scheu vor Menschen doch immer wieder in seine Nähe vordringen, um Nutztiere zu reißen. Das wiederum schätzen die Einheimischen, deren Vieh mitunter ihren gesamten Besitz bedeutet, gar nicht und betrachten die eleganten Räuber daher mit etwas anderen Augen als wir Katzenfreunde, nämlich als fleckigen Riesenschädling.

So kommt es, dass trotz des ausgedehnten Verbreitungsgebiets in Zentralasien, das sich über zwölf Länder erstreckt, heute insgesamt nur noch schätzungsweise 3 000 bis 6 000 Schneeleoparden unterwegs sind, Tendenz abnehmend.

Glück im Unglück, dass sich bereits vor über 50 Jahren die ersten Tiergärtner in diese eleganteste aller Großkatzen verliebten. So wurden schon Mitte der 1960er-Jahre erste Hochzeitsreisen zwischen Zoos organisiert, um die seltenen Tiere zur Paarung zu bewegen. Und während Schneeleopard und Schneeleopardin sich beschnupperten, nutzten ihre Betreuer die Zeit, um zwischenmenschliche Bande zu knüpfen. So war es am Ende die Annäherung auf beiden Seiten des Gitters, die zum Erfolg geführt haben mag. Bis heute legendär jedenfalls sind in den entsprechenden Kreisen die ersten Schneeleoparden-Symposien in Helsinki und Krefeld, auf denen Wissenschaftler und Zoo-Fachleute nicht nur ihre Erkenntnisse austauschten – offenbar spielte auch die Verbindung aus finnischer und rheinischer Lebensart eine gewisse Rolle und führte zu ungeplanten Reaktionen. So berichten unabhängige Quellen von Tänzen auf dem Tisch, in der Zimmerdecke steckenden Messern, nicht versiegenden Wodka-Strömen und einem daraus resultierenden Gemeinschaftsgefühl, das über Ländergrenzen und Jahrzehnte hinweg der Arbeit für das Überleben der Schneeleoparden zugutekam.

Heute lebt mindestens jeder zehnte Schneeleopard in einem Zoo, knapp 200 Tiere werden allein im Erhaltungszuchtprogramm der Europäischen Zoogemeinschaft koordiniert. Parallel dazu arbeiten die Zoos eng mit Organisationen wie dem WWF oder dem Nabu zusammen, die sich um den Schutz der Lebensräume im Ursprungsgebiet bemühen. Dabei liegt das besondere Augenmerk auf der Aufklärung und der Zusammenarbeit mit den Menschen vor Ort. So werden Anti-Wilderer-Einheiten unterstützt, aber auch Hilfen zum Bau schneeleopardensicherer Viehställe gegeben. Die Zoos unterstützen diese Projekte nicht nur finanziell und fachlich, sondern auch, indem sie ihren Zoobesuchern die Notwendigkeit koordinierter Schutzbemühungen nahebringen. Gleichzeitig gibt es in ihren Heimatländern inzwischen auch erste Projekte zur Wiederauswilderung von in menschlicher Obhut gehaltenen Schneeleoparden.

So besteht die Hoffnung, dass die Geister der Berge zukünftig wieder weitaus diskreter durch die Gebirge Asiens spuken können und die dauernden Sichtungen in Menschennähe gerne wieder dem Yeti überlassen, der alten Rampensau.

Der Schnilch

Der europäische Schnilch wurde erstmals 1822 von dem berühmten Höhlenforscher Udo Wutteck von Wutek beschrieben, der ihn allerdings zunächst fälschlich für einen Vertreter der seltenen Rüsselgrüßler hielt – ein Fauxpas, der seinem Konkurrenten und Widersacher Dragomir Budratschak zeitlebens Anlass zu beißendem Spott lieferte. Tatsächlich gelang jedoch auch der angeblichen Schnilch-Koryphäe Budratschak keine korrekte Zuordnung der Schnilche – er hielt sie für eine Unterart der asiatischen Schuppenbisome. (Was natürlich vollkommen absurd ist. Lächerlich geradezu!)

Leider ist die Schnilch-Forschung seither nicht viel weitergekommen. Bis zum heutigen Tag sorgen Schnilche für Uneinigkeit bezüglich ihrer zoologischen Klassifizierung. Die einen sagen so, die anderen so. Klarer kann man es leider nicht fassen.

Die Sache wird nicht einfacher dadurch, dass die Tiere (handelt es sich überhaupt um solche? Wutteck von Wutek bestand darauf, lieber von »Wesen« zu sprechen, aber er hatte auch einen esoterischen Hau), also, dass die extrem selten gesehen werden.

Hinzu kommt der beklagenswerte Verlust des weltgrößten Schnilch-Archivs bei einem verheerenden Brand zu Beginn der Sechzigerjahre, dessen nähere Umstände nie vollständig aufgeklärt wurden.

Seit der in etwa zeitgleichen nächtlichen Schnilch-Invasion eines kleinen Ardennendorfes wurden jedenfalls nur noch wenige Schnilchsichtungen registriert. Die Ursachen dafür sind, wie sollte es anders sein, umstritten. Eine mögliche Erklärung wäre ein signifikanter Rückgang der Schnilchpopulation, was zunächst einmal logisch und wahrscheinlich klingt, die Frage aber nur weiter verlagert auf die Ursachen für dieses Unglück. Schnilche wurden nie bejagt und galten in bäuerlichen Gesellschaften stets als gutes Omen. Manche Expertinnen sehen daher eine alternative und hoffnungsvollere Erklärung darin, dass sich die Schnilche zurückgezogen haben und etwas planen. Oder vielleicht haben sie sich auch einfach nur zurückgezogen und planen nichts? Wer weiß das schon, Expertinnen hin oder her, Beweise liegen schließlich nicht vor.

Auch eine Möglichkeit wäre nämlich, dass Schnilche weder ganz oder halb ausgestorben sind, noch sich in irgendeinen Schnilch-Untergrund verkrümelt haben, sondern dass es schlicht und ergreifend an Initiative und Beharrlichkeit bei sowohl Fachleuten als auch Laien mangelt, sich mit dem scheuen Schnilch wirklich und intensiv zu befassen. Das kostet nämlich Zeit und Mühe, und es gibt dafür keine fertig programmierte App!

Dabei können Mensch und Schnilch voneinander profitieren: Personen, die mit Schnilchen in Kontakt gekommen sind, berichteten immer wieder übereinstimmend von der großen Zufriedenheit, die von einem Schnilch ausgeht und sich auf den Beobachter überträgt. Schon in Folge eines einzigen Schnilch-Kontaktes verbessern sich Schlafqualität, Gedächtnisleistung und Kreativität.

Andersherum erfreuen sich auch die Schnilche seit jeher kundiger Zuwendung: Grundsätzlich kann dies in der Anlage schnilchfreundlicher Gärten bestehen, weitergehend aber auch in der gelegentlichen Aufführung des Schnilchtanzes bei Sonnenuntergang – einer langsamen, einfach zu lernenden Abfolge von Bewegungen, die auf Schnilche eine große Anziehungskraft ausübt und Schnilchforschern zufolge deren Zufriedenheitsreservoir auffüllt, was dann wiederum positive Effekte auf den Menschen hat, siehe oben.

Darüber hinaus sind Schnilche als erstaunlich gesellige Tiere im artenübergreifenden Sinn bekannt. Sie freunden sich mit Vögeln, Mäusen und Amphibien an, aber auch mit Haus- und Nutztieren wie Hunden, Schweinen und Hühnern, was ihnen auch deshalb so gut gelingt, weil die veganen Schnilche niemandes Fressfeinde sind. Könnte man sie fragen, wüssten die Hühner und die Mäuse sicher mehr über den Verbleib der Schnilche als so manch studierter Experte.

In jedem Falle lohnt es sich, Augen und Ohren offen zu halten für Spuren schnilchischen Lebens. Vielleicht hörst du irgendwo das charakteristische leise Schmatzen eines Schnilchs in der Dämmerung. Vielleicht findest du einen alten Schnilchstich auf dem Dachboden deiner Eltern oder Großeltern. Vielleicht begegnet dir der Schnilch in der Literatur (Tolstoi und Schiller z.B. gelten als große Schnilchophile). Ganz vielleicht gelingt ja sogar mal ein Foto!

Der Schwarzfußiltis

Man kennt das ja aus jedem zweiten Space-Invaders-Science-Fiction-Film: Niemals landen die fremden Wesen dort, wo es interessant wäre, also in Shanghai oder New York oder doch wenigstens in Castrop-Rauxel – obwohl Castrop-Rauxel natürlich ein sehr geeigneter Ausgangspunkt für einen echten Suspense-Horror-Plot wäre. Aber nein: Immer muss es irgendeine Farm im gottverlassenen Nirgendwo des amerikanischen Mittleren Westens sein. Und stets stößt der Hund des Hauses als Erster auf den unerwarteten Besuch und schreckt mit seinem Gebell den Farmer aus dem Schlaf, der anschließend mit Latzhose und Schrotflinte bewaffnet aus dem Haus tritt und dann auf eher unglückliche Weise die fremde Lebensform näher kennenlernt. Die macht sich im Anschluss daran verärgert auf, um die ganze Menschheit zu vernichten. Das Übliche eben.

Wir schreiben den 26. September 1981. John Hogg wird auf seiner Farm in Meeteetse, einer gottverlassenen Gegend in Wyoming im amerikanischen Mittleren Westen, mitten in der Nacht vom wütenden Gebell seines Hundes Shep geweckt. Als er vor die Tür tritt – über seine Kleiderordnung ist nichts überliefert –, trifft er auf eine fremde Lebensform, die er noch nie zuvor gesehen hat. Das Näherkennenlernen hat in diesem Fall allerdings Shep bereits vollumfänglich erledigt. Er hat dem Eindringling schlicht den Rücken zerbissen. Der würde jedenfalls nicht mehr die Menschheit vernichten! Da hat ihm seine schwarze Gesichtsmaske, die ihn aussehen lässt wie einen echten Westernhelden, nichts genützt.

Hoggs Frau Lucille ist fasziniert von dem röhrenförmigen Geschöpf von der Größe eines Frettchens mit seinem geschmeidigen, cremefarbenen Fell. Neben der Gesichtsmaske sind auch noch Schnauze, Schwanzspitze und die Füße kontrastreich schwarz abgesetzt. Lucille will den ungewöhnlichen Fund ausstopfen lassen. Der damit beauftragte Präparator im Ort hat so etwas auch noch nie gesehen – aber davon gehört. Sofort verständigt er die Naturschutzbehörde, und sein Verdacht bestätigt sich: Auf Hoggs Farm ist ein leibhaftiger Schwarzfußiltis aufgetaucht, eine Tierart, die seit zwei Jahren als ausgestorben galt, nachdem die letzte bekannte wildlebende Population in South Dakota bereits 1975 erloschen und das letzte in menschlicher Obhut lebende Exemplar 1979 gestorben war.

Dass es überhaupt so weit kommen konnte, ist eine Geschichte, die tief in die amerikanische Historie reicht. Denn einst hatten Schwarzfußiltisse ein riesiges Verbreitungsgebiet von Kanada über mindestens 12 US-Bundesstaaten bis nach Nordmexiko. Als die europäischen Siedler nach Westen vordrangen, stießen sie in den endlosen Weiten der Prärie auf Abermillionen Bisons, die ruhig und majestätisch dahinzogen. Wenn sie nicht gerade etwas unmajestätisch ins Stolpern gerieten, weil sie in den Bau eines Präriehundes getreten waren. Die dicklichen Nager lebten ebenfalls

Ein prekäres Bestiarium

zu Abermillionen in der Prärie, in großen Kolonien voller unterirdischer Gänge und Baue. Bisons und Präriehunde standen in einem gut austarierten Gleichgewicht zueinander. Die massigen Wiederkäuer fraßen das lange Präriegras ab und schufen so Lebensraum für die eher offenes Terrain bevorzugenden Präriehunde. Allerdings zogen die Bisons quer durch das ganze Land, sodass das Gras sich nach und nach erholen konnte und der Ausbreitung der Präriehunde Grenzen setzte.

Dann kamen die Europäer, knallten im 19. Jahrhundert die Bisons in kürzester Zeit fast bis zur Ausrottung ab und stellten stattdessen Rinder auf die Prärie. Die grasten umgehend ganze Landstriche kahl – zur Freude der Präriehunde, die sich nun in Massen vermehrten. Schneller als die Europäer New York City, errichteten die Präriehunde Ende des 19. Jahrhunderts gigantische Nager-Metropolen, ihr Bestand explodierte förmlich. Es wird geschätzt, dass allein in den USA zu dieser Zeit fünf Milliarden (!) Präriehunde lebten. Da Kühe aber auch ganz schön schwer sind, brachen sie ebenfalls häufig in den Bauen und Gangsystemen der Nager ein und verletzten sich dabei so stark, dass sie verendeten. Das brachte die Farmer auf die Palme, zumal die Präriehunde auch noch schamlos über ihre Äcker herfielen.

Es begann eine großangelegte Vernichtungsaktion. Jahrelang wurde nicht nur auf jeden Präriehund geschossen, der seinen Kopf aus der Höhle zu strecken wagte, sondern die Tiere wurden systematisch mit Strychnin-Ködern vergiftet und in ihren Bauen vergast. Hinzu kam, dass schließlich etwa 95 % der Prärie mitsamt aller darin befindlichen

Präriehunde zu Ackerland umgepflügt wurden. Am Ende waren die Bestände um bis zu 99,8 % dezimiert.

Und mit ihnen die Schwarzfußiltisse, denn deren Grundnahrungsmittel ist Präriehund. Etwa hundert der Nager erlegt ein Schwarzfußiltis im Jahr. Außerdem wohnt er in den unterirdischen Bauen, die sein Futter für ihn gebaut hat – daher sein röhrenförmiger Körperbau. Eine einzige Schwarzfußiltis-Familie braucht also bereits eine kopfstarke Präriehund-Kolonie, um langfristig überleben zu können, und davon gab es immer weniger.

Doch es kam noch ärger. Denn jetzt kommt eine Krankheit ins Spiel, die Europäer schon lange verdrängt haben, obwohl sie selbst einst in Scharen von ihr hinweggerafft wurden: die Pest. Der durch Flöhe übertragene Schwarze Tod ist nämlich keineswegs ausgerottet, er findet bis heute in Präriehund-Kolonien ein Dauerreservoir, von wo aus er immer wieder mal epidemisch ausbricht. Menschen sind nur selten betroffen, zudem stehen Impfstoff und Antibiotika bereit. Präriehunde aber werden regelmäßig dezimiert, und mit ihnen erwischte es immer wieder auch die Schwarzfußiltisse. Das war am Ende dann doch zu viel für die eleganten Iltisse, weshalb sie in den 1970er-Jahren endgültig abdankten.

Bis zu jener schicksalhaften Nacht im Jahr 1981 in Meeteetse, Wymoming. Artenschützer stürmten anschließend die Farmen von Lucille und John Hoggs und ihren Nachbarn und machten dort eine bislang kaum beachtete große Präriehund-Kolonie mitsamt darin plündernder Schwarzfußiltisse ausfindig. Um die hundert der Marderartigen hatten überlebt. Denen blieb allerdings 1985 nur die

Ein prekäres Bestiarium

Wahl zwischen Pest und Staupe – und sie entschieden sich für beides. Die letzte Population brach wegen der beiden von Europäern eingeschleppten Krankheiten in kürzester Zeit zusammen, und die alarmierten Artenschützer konnten in letzter Minute gerade mal noch 18 Iltisse retten, die sie umgehend in Schutzhaft nahmen. Der gesamte freilebende Restbestand aber fiel den beiden Seuchen zum Opfer.

Doch die 18 Geretteten ließen sich nicht unterkriegen. In Zoos und Zuchtanlagen wuchs der Bestand allmählich wieder an. 1991 wurden schließlich erste Wiederauswilderungen gewagt. Aber es bleibt eine zähe Angelegenheit. Die Wildpopulation beträgt heute gerade mal wieder etwa 300 Tiere. Noch immer sind die Iltisse, die eine eher unbiblische Lebenserwartung von nur drei bis vier Jahren haben, auf steten Nachschub aus den Zoos angewiesen.

Und noch immer lauert da draußen die Pest. Deshalb werden Schwarzfußiltisse seit einiger Zeit regelmäßig geimpft. Dummerweise wirkt der Impfschutz nur etwa ein Jahr lang. Also fahren Artenschützer regelmäßig durch die Nächte des Mittleren Westens, um der Risikogruppe eine Booster-Impfung nach der anderen zu verpassen. Gleichzeitig wird versucht, pulverförmiges Gift in Präriehundbaue zu blasen, um die eigentlichen Überträger der Seuche, deren Flöhe nämlich, zu eliminieren.

Und dann kam auch noch Covid-19. Die Pandemie bedrohte den Schwarzfußiltis gleich doppelt. Zum einen gelten Marderartige als ziemlich anfällig gegenüber jedweden Coronaviren. In Europa infizierten sich reihenweise Nerze mit Covid. Eine weitere Seuche aber hätte den fragilen Bestand der Schwarzfußiltisse endgültig erledigen können. Ein

Lockdown für die Iltisse kam nicht in Frage – ein Zucht-ausfall von nur einem Jahr hätte bei den kurzlebigen Tie-ren einen Bestandseinbruch um ein Drittel bedeutet, bei der engen genetischen Basis der Gesamtpopulation ist ein stän-diger Austausch zwischen den verschiedenen Zuchtstand-orten essenziell. Also entwickelten die Forscher bereits im Mai 2020 einen ersten Corona-Impfstoff für Schwarzfuß-iltisse, der auf demselben Prinzip beruhte wie später für den Menschen genutzte Vakzine. Da für Iltisse keine so umfas-senden klinischen Prüfungen vorgeschrieben sind wie für Menschen, konnte die Reihenimpfung der Tiere bereits im September 2020 beginnen – lange bevor die erste Impfkam-pagne für Menschen startete. Und glücklicherweise auch, bevor das Virus allzu großen Schaden unter den Tieren an-richten konnte. So wurden die Schwarzfußiltisse zur ersten immunen Herde der Corona-Pandemie.

Am Ende des ersten Corona-Jahres gab es dann schließ-lich noch eine gute Nachricht. Wir erinnern uns: Alle heute lebenden Artgenossen stammen von jenen 18 Ursprungs-tieren ab, die 1985 vom Farmland bei Meeteetse gerettet worden waren. Das bedeutet, dass die genetische Vielfalt innerhalb dieser Iltisse – nun ja, nicht besonders vielfäl-tig ist. Am 10. Dezember 2020 wurde Elizabeth Ann ge-boren. Das kleine Iltis-Mädchen ist die Tochter von Willa, einer jener 18 Überlebenden von Meeteetse. Willa selbst hatte aber nie Junge bekommen, ihr Erbgut fehlt im Pool. Ein vorausschauender Biologe hatte noch zu Willas Leb-zeiten Hautzellen von ihr gesammelt und tiefgefroren. De-ren DNA wurde nun in eine entkernte Eizelle eingesetzt und herangezüchtet. Nach zahlreichen Fehlschlägen kam

Ein prekäres Bestiarium

mit Elizabeth Ann schließlich ein perfekter Willa-Klon zur Welt, der nun einen gehörigen Schuss frisches Blut in die Verwandtschaft bringen kann. Damit auch zukünftig immer mal wieder nächtens außergewöhnliche Geschöpfe auf den Farmen im gottverlassenen Nirgendwo des amerikanischen Mittleren Westens auftauchen können.

Die Socorrotaube

Eine Geschichte über Tauben und Katzen – mehr Frieden und Niedlichkeit ist ja gar nicht möglich, könnte man meinen. Aber von wegen. Denn das Leben ist kein Katzenvideo, und da draußen jagen die Samtpfoten eben nicht nur Laserpointer-Punkten hinterher, sondern Tieren aus Fleisch und Blut. Und auch solchen mit Federn …

Die Tauben, um die es hier gehen soll, entsprechen allerdings auch so gar nicht der Erwartungshaltung. Wer bei Tauben gleich an Frieden denkt, irrt. Denn bei der Socorrotaube herrscht Krieg. Da mögen die höchstens 30 Zentimeter langen Täubchen mit ihrem rötlichen Gefieder noch so unschuldig gurren.

Rückblende. Wir schreiben das Jahr 1955. Sehr weit weg vom Weltgeschehen, draußen im Pazifik, 700 Kilometer westlich der Küste von Mexiko, liegt die nur 130 Quadratkilometer große Insel Socorro. Genau genommen ist die Insel der Gipfel eines riesigen Vulkans, der sich vom Grund des Ozeans erhebt und noch tausend Meter über der Wasseroberfläche in den Himmel ragt. Menschen haben sich hier bislang nicht niedergelassen.

Aber Tauben. Die Socorrotaube hat sich im Lauf der Evolution zu einem echten Aggro-Vogel entwickelt. Sie hackt auf alles ein, was Federn hat und ihr verdächtig vorkommt. Und einem Socorrotauben-Männchen kommt eigentlich jeder andere Vogel verdächtig vor, sogar Weibchen der eigenen Art, wenn es sie noch nicht kennt. Grund für das ungewöhnlich aggressive Verhalten der vermeintlichen Friedensvögel ist der Wunsch nach Abgrenzung. Die Socorrotaube hat sich aus der auf dem nordamerikanischen Festland weit verbreiteten und deutlich friedlicheren Carolinataube entwickelt. Wie Pubertierende sich von ihren Eltern lösen, so setzt sich auch die Socorrotaube von ihrer Elternart ab – ein wirkliches Pubertier. Denn die beiden Taubenarten sind noch so nah verwandt, dass sie untereinander fruchtbar sind, und immer mal wieder kommen neue Carolinatauben vom Festland rübergeflogen. Die Socorrotaube aber hat auf dem Wüsten-Vulkan-Eiland Eigenheiten entwickelt, die ihr beim Überleben geholfen haben. Anders als ihre Verwandten meidet sie Gruppen, lebt paarweise und überwiegend bodenbewohnend. Ihre Beine sind daher länger geworden. Außerdem ist sie dunkler gefärbt, was sie auf dem Lavagestein besser tarnt. Alles Vorteile, die ihr helfen, nicht so leicht von Angreifern aus der Luft, wie dem Rotschwanzbussard oder dem Bindenfregattvogel, erwischt zu werden. Die will sie sich nicht von der Carolinataube kaputtpaaren lassen, die über keine solche Sonderanfertigungen verfügt. Entsprechend ungehalten reagiert sie auf Verwandtenbesuch.

Leider nutzen die Anpassungen der Socorrotaube nichts gegen bodenbasierte Angreifer. Was für die Taube jahrtausendelang kein Problem war, denn es gab gar keine Landräuber auf Socorro.

Aber dann kam das schicksalsträchtige Jahr 1957. Die mexikanische Marine errichtete einen Stützpunkt in diesem Nirgendwo, und die Soldaten brachten sich Gesellschaft mit: Katzen.

Darauf waren die Tauben nicht gefasst. Denn Katzen fackeln bekanntlich nicht lange, wenn sie kleinere Tiere erwischen können. Erst recht, wenn ihr neues Spielzeug einfach nur ratlos sitzenbleibt, statt davonzuflattern.

Die Folgen waren verheerend. In rund 15 Jahren war die Art ausgerottet. Neben den Katzen trugen dazu auch die Soldaten selbst bei, weil sie einen feinen Taubenbraten zu schätzen wussten. Und die ebenfalls mitgeführten Schafe veränderten zudem die Vegetation. 1972 wurden die letzten freilebenden Socorrotauben gesichtet, dann hatten sie endgültig ausgegurrt.

Kleine Fußnote: Kaum wurde die Insel nicht mehr von den Socorrotauben verteidigt, haben die Carolinatauben sie erfolgreich besetzt. Die werden zwar häufiger von Bussard oder Fregattvogel erwischt, fliegen aber wenigstens vor Katzen weg.

Hier könnte unsere Geschichte von Katzen und Tauben zu Ende sein. Zum Glück ist sie es nicht. Denn etwa hundert der Vögel waren zuvor von privaten Taubenzüchtern in ihre Sammlungen aufgenommen worden und vermehrten sich problemlos. Bald klinkten sich Zoos ein und gründeten ein wissenschaftlich überwachtes Erhaltungszuchtprogramm. Erste Tauben werden jetzt auf eine Wiederauswilderung auf der Insel vorbereitet. Zuvor aber werden die Katzen zur Revanche gebeten: Die müssen jetzt nämlich von der Insel verschwinden. Artenschützer sind bereits dabei, Socorro von

Ein prekäres Bestiarium

unerwünschtem Cat-Content zu befreien. Damit zukünftig wieder die Socorrotaube durch ihr bescheidenes, kleines Reich trippeln kann. Und mit ihr zahlreiche andere besondere Tier- und Pflanzenarten, die es nur auf dieser einen Insel gibt, diesem evolutionären Experimentallabor irgendwo weit draußen im Pazifik.

Der Spix-Ara

So wie Anemonenfische weltberühmt und jedem Kind bekannt geworden sind durch den Animationsfilm *Findet Nemo*, wurden Spix-Aras acht Jahre später weltberühmt und jedem Kind bekannt durch den Animationsfilm *Rio*, in dem das letzte männliche Spix-Ara-Exemplar namens Blu dafür sorgen muss, dass seine Art nicht ausstirbt. Und vorher, natürlich, noch so einige Abenteuer zu bestehen hat, bei denen geldgierige Schmuggler eine unrühmliche Rolle spielen.

Es ist leider keine Übertreibung zu sagen, dass die wirkliche Geschichte der Spix-Aras dem in nichts nachsteht.

Die Verbindung dieser blauen Papageienvögel zu Deutschland beginnt mit dem Naturwissenschaftler Johann Baptist Spix, der, gemeinsam mit dem Botaniker Carl Friedrich Philipp Martius, von 1817 bis 1820 das brasilianische Amazonasgebiet bereiste und von dieser Expedition mit einer imposanten Sammlung von 6500 Pflanzen, 2700 Insekten, 85 Säugetieren, 350 Vogelbälgen, 150 Amphibien und Reptilien, 116 Fischen, diversen Artefakten und zwei indigenen Kindern nach Deutschland zurückkehrte. Das Schicksal von Letzteren ist eine eigene traurige Geschichte, denn die beiden Kinder, aus unterschiedlichen Ethnien kommend und deshalb nicht einmal in der Lage, sich untereinander zu verständigen, starben innerhalb kurzer Zeit nach ihrer Ankunft in München (weitere mitgeführte Kinder hatten die Überfahrt nicht überlebt).

Unter den 350 Vogelbälgen (»Balg« bedeutet: eine Vogelhaut mit dranhängendem Gefieder, Schnabel, Beinen und Füßen) befand sich eben auch ein Ara, der später nach seinem europäischen Entdecker Spix benannt wurde. Beschrieben hatte Spix den Vogel als Gruppentier mit schwacher Stimme. Tatsächlich geben Spix-Aras eigenartig krähende Geräusche von sich, während ihr Paarungsruf tief aus dem Bauch kommen und klingen soll wie »Wichika«.

Auch hatte Johann Spix den Vogel bereits als selten beschrieben, was wahrscheinlich damit zusammenhängt, dass Spix-Aras Lebensraumspezialisten mit kleinem Verbreitungsgebiet sind. Sie leben und nisten gern in großen alten Brasilkiefern, die, man ahnt es, ihrerseits weitgehend verschwunden sind.

Nun, was selten ist, das ist auch begehrt. Was selten ist und dazu auch noch schön, erst recht. So wurden Spix-Aras in den Siebziger- und Achtzigerjahren zur lebendigen, gefiederten Rolex, zum Diamanten, zum Picasso – zum sauteuren Statussymbol also, und einer Handelsware mit extrem hoher Gewinnspanne. Das hat ihr Bestehen in freier Natur nicht gerade befördert, obwohl der Export schon ab 1967 verboten wurde. Ein Expeditionsteam zur Beobachtung der Tiere in ihrem nordost-brasilianischen Lebensraum konnte im Jahr 1985 fünf Vögel ausfindig machen. Zur selben Zeit lag der Preis für einen Spix-Ara bei 20 000 US Dollar.

1990 wurde schließlich ein einzelner, wildlebender, männlicher Spix-Ara gesichtet und intensiv beobachtet. Ein

Weibchen seiner Art schien er nirgendwo finden zu können, aber da Papageien nicht gern allein bleiben, tat er sich mit einem weiblichen Rotrückenara zusammen. Warum die Dame ihrerseits den Spix einem Rotrücken ihrer eigenen Art vorzog, ist nicht bekannt, aber die beiden gründeten sogar eine Familie.

Erst 26 Jahre später, im Juni 2016, filmten Bewohner des Ortes Curaçá im brasilianischen Bundesstaat Bahia einen blauen Papageienvogel, der anhand der Aufnahme von Experten später als Spix-Ara identifiziert werden konnte. Ob es sich dabei überhaupt um einen echten Wildvogel oder aber einen entflüchteten, vielleicht auch ausgesetzten Zuchtvogel handelte, ist ungewiss. Jedenfalls war es die letzte bekannte Spix-Ara-Sichtung, und die Weltnaturschutzorganisation IUCN kam 2019 zu dem Schluss, dass Spixe in freier Wildbahn nunmehr ausgestorben sind.

Die letzten verbleibenden dieser Aras leben in menschlicher Obhut. Und bei diesem (recht unübersichtlichen) Teil der Geschichte landen wir dann wieder in Deutschland.

Offizielle Versuche einer Zucht gab es zunächst, neben Brasilien, in einer Artenschutzstation auf der Kanareninsel Teneriffa. Das Problem mit Tieren, die in der Natur ausgestorben sind, ist natürlich, dass man über ihr Verhalten in eben dieser Natur nichts weiß. Man weiß nicht, was sie fressen, nicht, wann, wie und mit wem sie sich paaren, nicht, wie sie ihre Jungen aufziehen, und schon gar nicht, wie all diese Faktoren ineinandergreifen. Alles ist Versuch und Irrtum. Entsprechend mäßig fielen die Zuchterfolge aus.

Etwas mehr Erfolg (aber auch deutlich mehr Tiere, eingekauft mutmaßlich für Millionensummen) hatte die private Al Wabra Wildlife Preservation in Katar, wo nach eigenen Angaben mehr als dreißig kleine blaue Aras schlüpften. Daneben gab es jene weiteren, vereinzelten Spixe in privatem Besitz, deren Zahl und Verbleib schwer zu beziffern war und ist. Bemühungen der brasilianischen Regierung um eine Erfassung der weltweiten Bestände und ein entsprechend koordiniertes Zuchtprogramm sind in der Vergangenheit kläglich am mangelnden Interesse der vielen unterschiedlichen Einzelparteien gescheitert – wer will sich schon seinen privaten Picasso wegnehmen lassen.

Von einem (möglicherweise windigen) privaten Schweizer Geschäftsmann kaufte dann auch ein Berliner Papageienfan seine ersten Spixe und begann mit der Zucht. Diese schien vergleichsweise gut zu laufen. Dann starb Sheikh Saud Al Thani, der Gründer besagter Al-Wabra-Wildlife-Anlage in Katar mit der größten Spix-Ara-Sammlung der Welt. Und, so irre es auch klingen mag, der Berliner Züchter schaffte es, diese Sammlung zu übernehmen. Von nun an lebten neunzig Prozent des globalen Gesamtbestandes eines der wertvollsten und seltensten Vögel der Welt in einem hoch gesicherten Privatzoo nahe Berlin. Das ganze undurchsichtige Gesamtkonglomerat aus legalen und illegalen kostspieligen Geschäften, finanzieller Intransparenz, mutmaßlichen Verbindungen in die Unterwelt, gegenseitigen Bezichtigungen und Verdächtigungen (und all das auf dem blau gefiederten Rücken einer aussterbenden Tierart) hat seither viel Unmut und schlechte Presse produziert.

Aber, am (vorläufigen) Ende der Geschichte steht auch dies: Im März 2020 wurden 52 Spix-Aras von Berlin nach

Bahia gebracht, zurück in ihr ehemaliges Verbreitungsgebiet. Dort werden sie derzeit Schritt für Schritt akklimatisiert und auf ihre vollständige Wiederauswilderung vorbereitet, in Zusammenarbeit mit der lokalen Bevölkerung. Erste Schlüpfe hat es auch schon gegeben.

Das lebende Vorbild für den Spix-Ara Blu aus den *Rio* Filmen (es gab noch einen zweiten Teil) hieß übrigens Presley und wurde 2002 in einem Privathaushalt im US-Bundesstaat Colorado von einer aufmerksamen Tierärztin identifiziert. Gegen Zusicherung von Straffreiheit für den Besitzer wurde Presley nach Brasilien überführt und mit einer der wenigen vorhandenen Spix-Partnerinnen zusammengebracht, ähnlich wie im Film. Anders als im Film jedoch glückte die Familiengründung nicht, die gelegten Eier waren alle unbefruchtet. Presley starb im Jahr 2014. Er hatte nie zu fliegen gelernt.

Der Tasmanische Beutelteufel

Tasmanischer Beutelteufel – was muss man als Tier eigentlich tun, um sich so einen Namen zu verdienen? Vielleicht muss man dafür die Größe eines kleinen Kläffers haben, aber besser zubeißen als jeder Kampfhund, schwarzes Fell und Ohren, die sich bei Aufregung rot färben, muss sehr laut und enervierend quieken und schreien können, unangenehm riechen, besonders wenn die Ohren schon rot sind, und sich grundsätzlich gern und über alles Mögliche aufregen, also recht häufig stinkend, schreiend und mit roten Ohren durch die Gegend springen.

Sind Beutelteufel die Wutbürger unter den Tieren? Nun, wenn sie sich mal nicht aufregen, sind sie auch ganz niedlich, und vor allem haben sie es gerade wirklich nicht leicht.

Tasmanische Beutelteufel leben, wie der Name sagt, nur auf der australischen Insel Tasmanien, und sie sind, wie der Name ebenfalls sagt, Beuteltiere, wie ein Großteil ihrer australischen Mitgeschöpfe. Anders als Kängurus, Wombats oder gar die supersüßen Koalabären haben sich die Teufel aber mit ihrem impertinenten Verhalten bei den neu gelandeten europäischen Siedlern nicht eben beliebt gemacht, besonders weil sie deren Schafe und Geflügel rissen. Tasmanische Teufel können stark zubeißen, stärker als jedes andere

Säugetier, ihr Kiefer schafft sogar dicke Drähte aus Metall. Andersherum haben sich die Siedler aber auch die Beutelteufel schmecken lassen, angeblich ähnelt ihr Geschmack dem von Rindfleisch. Die Teufel standen schon kurz vor der Ausrottung, als sie 1941 unter Schutz gestellt wurden. Die Maßnahme half, die Population erholte sich.

Doch nicht immer ist es der Mensch, der einer Tierart den Garaus macht. Seit den 1990er-Jahren werden die Teufel von einer wirklich fiesen Krankheit heimgesucht, einem Gesichtskrebs, der (bislang) ausschließlich Beutelteufel befällt. Diese Krebsart ist nicht nur tödlich, sie wird auch, vor allem durch Bisse und Kratzer, von Teufel zu Teufel übertragen. 95 % aller Populationen, in denen die Krankheit aufgetaucht ist, wurden davon komplett ausgelöscht, der Gesamtbestand der Teufel hat sich in den letzten 25 Jahren um 80 % reduziert. Die Ursachen der Krankheit bleiben ungeklärt, Vermutungen richten sich auf bestimmte Viren, Umweltgifte und schrumpfenden Lebensraum. Vielleicht spielt der Mensch ja also leider doch wieder eine Rolle?

In jedem Fall kann er aber zum Erhalt der Teufel beitragen. Derzeit werden auf Tasmanien zwei gesunde Populationen abgeschirmt, sozusagen im Lockdown gehalten, und auch in einigen Zoos und Tierparks werden Tasmanische Teufel gezüchtet, in sicherer Quarantäne vor dem Virus, vor allem in Australien. Von fossilen Funden weiß man, dass die Teufel früher dort auch einmal gelebt haben, aber bereits lange vor der Ankunft europäischer Siedler ausgestorben waren. Schuld daran waren womöglich eingeschleppte Dingos. Im Jahr 2021 wurden erstmals wieder kleine Beutelteufelchen in einer ausgewilderten Population auf dem

Ein prekäres Bestiarium

australischen Festland geboren. Da toben sie nun fröhlich herum.

Als einziger Zoo in Deutschland hält der in Duisburg zwei Teufel, und auf der Webseite des Zoos findet sich eine wirklich schöne Audiospur der Tiere beim Fressen. Hoffnung macht auch, dass einige der Raubbeutler eine genetische Resistenz gegenüber der Krankheit zu haben scheinen.

Der weltweit vielleicht berühmteste Tasmanische Teufel heißt übrigens Taz und wurde bekannt als Gegenspieler des noch berühmteren Superhasen Bugs Bunny in der gleichnamigen Zeichentrickserie, wo er als bösestes Tier der Welt eingeführt wird, das alles und jeden frisst, was ihm über den Weg läuft. Allerdings ist Taz auch nicht besonders schlau und somit natürlich chancenlos gegen den listigen Bugs Bunny. Der arme Teufel.

Der Ur

Es ist nicht gerade das Bild einer *Milka*-Idylle, das einem vor Augen steht, wenn man Gaius Julius Caesar in *De bello gallico* über seine Tierbegegnungen im wilden Germanien liest: »Sie sind etwas kleiner als Elefanten und haben das Aussehen, die Farbe und die Gestalt von Stieren. Sie besitzen gewaltige Kräfte, sind sehr schnell und schonen weder Menschen noch wilde Tiere, wenn sie sie einmal erblickt haben.« Und doch ist hier nicht nur der Ur, sondern auch die Urkuh gemeint.

Dieser Ur – auch Auerochse genannt – war ein imposanter Gesell. Bullen konnten eine Schulterhöhe von über 180 Zentimetern aufweisen und bis zu einer Tonne wiegen. Ihr Fell war schwarz, das der Jungtiere und Kühe braun. Die charakteristisch gebogenen Hörner konnten eine Länge von bis zu 140 Zentimetern bei einem Durchmesser bis zu 20 Zentimetern aufweisen. Damit hat nicht nur der Bulle angegeben, sondern auch sein Jäger. Caesar wieder: »Die Einheimischen setzen allen Eifer daran, sie in Gruben zu fangen und zu töten. Diese anstrengende Tätigkeit härtet die jungen Männer ab, die sich in dieser Art von Jagd üben. Wer die meisten Auerochsen getötet hat, trägt hohes Lob davon, wenn die Hörner als Beweis seiner Leistung öffentlich ausgestellt werden. Die Einheimischen sammeln sie eifrig, fassen den Rand in Silber und gebrauchen sie bei feierlichen Gastmählern als Pokale.« Neben dem in derselben Gewichtsklasse spielenden Wisent war der Ur lange Zeit das größte Tier Europas und wegen seiner Reizbarkeit ein beliebtes Mitbringsel für den römischen Zirkus, wo man die wütenden Bullen durch die Manege donnern ließ. Noch einmal Caesar: »Selbst wenn man sie als ganz junge Tiere fängt, können sie sich nicht an den Menschen gewöhnen und gezähmt werden.« Da allerdings irrte der große Stratege. Denn dass die Zähmung des Urs sehr wohl möglich ist, haben die Menschen im Nahen Osten schon 7000 Jahre vorher eindrucksvoll bewiesen. Schritt für Schritt haben sie aus ihm den wichtigsten Wegbegleiter des Menschen herangezüchtet, bis er schließlich friedlich muhend mit arglosen Kuhaugen auf der Weide herumstand. Der Ur ist der, tja, Urahn aller Hausrinder.

In den früheren eurasischen Ökosystemen waren Auerochsen als Gräser fressende Großtiere vermutlich wichtige Player, die mit ihrem Appetit Flächen vor Verwaldung bewahrten und so für offene, artenreiche Nischen sorgten. Dem Menschen waren sie seit jeher bedeutsame Jagdbeute. Davon zeugen die mindestens rund 15 000 bis 22 000 Jahre alten Auerochsen-Darstellungen der berühmten Höhlenmalereien von Lascaux und Chauvet. Auch Siegfried hat im Nibelungenlied schon Ure erlegt. Noch heute gibt es im Polnischen die Redewendung, jemand sei »stark wie ein Ur«, während in Russland besoffenen Randalierern attestiert wird, sie benähmen sich wie einer.

In historischer Zeit waren Auerochsen in Europa und im Kaukasus noch weit verbreitet, führten sich aber als echte Misanthropen auf. Dem Menschen gingen sie aus dem Weg, so gut es ging. Doch der entwickelte sich bekanntlich prächtig, weshalb der Ur sich immer tiefer in die letzten, wenig berührten Wälder und Sümpfe zurückzog. Es half nichts, der Mensch folgte ihm, jagte ihn für sein Fleisch und machte seine Hörner zu urigen Trinkbechern. Schließlich wurde der Auerochse vom eigenen Erfolg überrannt: Die von ihm abstammenden Hausrinder machten sich ebenfalls überall breit und drängten ihn noch weiter zurück. Schon im 15. Jahrhundert war der Ur weitgehend ausgerottet. Ein größerer Bestand hielt sich in einem *Große Wildnis* genannten Waldgebiet in der heutigen Grenzregion von Polen, Litauen, Russland und Weißrussland, dessen letzter Rest heute wiederum der berühmte Białowieża-Urwald in Belarus und Polen ist. Aber auch dort fand der Auerochse keine Ruhe. Ende des 16. Jahrhunderts wurden die letzten 38 Tiere, die in einem Wald in der Nähe von Warschau lebten, unter Schutz gestellt – das dürfte eine der ersten verbürgten Artenschutzmaßnahmen der Geschichte gewesen sein. Um 1600 gab es wohl im Zoo von Zamoykski sogar schon so etwas wie Erhaltungszuchtversuche, aber die Bemühungen kamen zu spät. Krankheiten, Wilderei, Stress durch konkurrierende Hausrinder und weiterer Lebensraumverlust setzten dem Auerochsen ein Ende. 1627 starb das letzte bekannte Tier in seinem polnischen Schutzgebiet.

Doch der Ur blieb tief im Kollektivbewusstsein der Europäer verankert. Schon Anfang des 19. Jahrhunderts spekulierten polnische Zoologen, ob man ihn, wo sein Erbmaterial doch in Form der von ihm abstammenden Hausrinder in diversen Rassen geradezu allgegenwärtig war, nicht wieder »zurückzüchten« könne. Besonders eifrig wurde diese Idee später von den deutschen Brüdern Heinz und Lutz Heck verfolgt. Lutz war Direktor im Zoo Berlin, Heinz im Tierpark Hellabrunn in München. Lutz Heck war aber nicht nur ein bedeutender Zoologe, sondern auch ein arger Nazi, der von der Idee einer deutschen »Überkuh« (Der Spiegel) besessen war. Schon in den 1920ern begannen die Hecks, in ganz Europa ihnen besonders ursprünglich erscheinende Rinder einzusammeln und für Zuchtexperimente zu nutzen. In Hermann Göring – Gestapo-Gründer, Oberbefehlshaber der Luftwaffe, Völkermörder und »Reichsjägermeister« – fand Lutz Heck einen begeisterten Unterstützer und Finanzier für »Hitlers perversen Plan, historische Bestien von den Toten auferstehen zu lassen« (gewohnt feingeistig: die *Daily Mail*). 1938 schließlich war die Aktion Lebensborn für Superrindviecher vorerst am Ziel: In der Schorfheide bei Berlin und in Görings privatem Jagdrevier in der Rominter Heide (die heute zu Russland und Polen gehört) wurden die ersten sogenannten Heckrinder entlassen. Die sahen dem Ur zwar eher nur entfernt ähnlich, denn sie waren deutlich murkeliger, hatten weniger eindrucksvolle Hörner und kürzere Beine, aber immerhin waren sie ordentlich aggressiv – und das ist es ja letztlich, was Nazis glücklich macht. Göring hatte große Pläne mit den »urdeutschen« (Göring) Rindviechern. In jenem schon erwähnten Białowieża-Urwald wollte er eine Art germanischen Safaripark mit großdeutschen Tieren schaffen, um dem Herrenmenschen ein adäquates Jagderlebnis zu bieten.

Nachdem die Deutschen in die Region einmarschiert waren, ließ Göring das Waldgebiet ab 1941 umgehend »säubern«. 20 000 Menschen wurden ganz real erschossen, vertrieben oder deportiert, um Platz für die Fake-Ochsen zu schaffen. Aufgrund der Entwicklung an der Ostfront kam es dann aber doch nicht mehr zum Germanien-Park. Nur 39 Heckrinder überlebten die Kriegswirren. Sie wurden durch weitere Einkreuzungen zum Taurusrind entnazifiziert und haben es inzwischen von 140 Zentimetern Schulterhöhe zu Görings Zeiten auf immerhin 165 gebracht. Sie grasen heute auf zahlreichen Grünflächen, um diese offen zu halten, beispielsweise im Nationalpark Unteres Odertal, und werden als Auerochsenfleisch vermarktet.

Aber auch das macht aus ihnen noch keinen Ur, weshalb der häufig verwendete Begriff *Rückzüchtung* irreführend ist; *Abbildzucht* trifft es weit besser. An diesem Abbild wird auch jenseits der Heckrinder gearbeitet. 2008 wurde das niederländische *Tauros-Projekt* mit dem Ziel gegründet, einen neuen Auerochsen heranzuzüchten. Man nehme: Rinder der Rassen Limia, Maremmana Primitiva, Maronesa, Podolica, Sayaguesa und Pajuna, berechne die genetische Distanz zum Original-Urvieh und kreuze sie schließlich so lange, bis die gewünschten Merkmale genetisch fixiert sind. Dasselbe Ziel verfolgt seit 2013 das *Auerrindprojekt* im Freilichtlabor Lauresham des UNESCO-Welterbes Kloster Lorsch in Hessen, bei dem ein Mix aus den Rinderrassen Chianina, Maremmana, Sayaguesa und Watussi zum gewünschten Ochsen führen soll.

Beide Projekte wollen, mit sich selbst erhaltenden, vom Menschen unabhängigen Populationen des Auerochsen 2.0

den dominierenden Pflanzenfresser der europäischen Naturlandschaften re-etablieren, damit er die seit 500 Jahren unbesetzte ökologische Rolle seines Vorgängers wieder einnehmen möge. Eine faszinierende Vision, aber sagen wir mal so: Einfacher wäre es halt gewesen, man hätte den Ur-Ur gar nicht erst ausgerottet.

Das Vancouver-Murmeltier

Die größte nordamerikanische Pazifikinsel liegt an der Süd-westküste Kanadas und heißt Vancouver Island. Vancouver Island ist sehr schön; es gibt dort Robben, Wale, Elche, Wäl-der aus Riesenbäumen, Zebrastreifen in Regenbogenfarben und eines der seltensten Säugetiere der Welt, das Vancou-ver-Murmeltier. Auf Englisch heißt es etwas korrekter *Van-couver Island Marmot*, denn das Vancouver-Murmeltier gibt es eben nur hier, auf Vancouver Island.

Das Vancouver-Murmeltier lässt sich durch sein dunkel-braunes Fell mit ein paar weißen Flecken recht gut von an-deren Murmeltieren unterscheiden, auch ist es etwas größer. Offenbar hat es vor sehr langer Zeit begonnen, in seinem Inseldasein ein paar eigene evolutionäre Entwicklungen zu unternehmen. Vor allem aber ist es sehr viel seltener als an-dere Murmeltiere. »Selten« klingt ja immer irgendwie inte-ressant und edel, heißt bei Tieren aber meistens leider nur: vom Aussterben bedroht.

Die Alarmglocken schrillten in den späten 90er-Jahren, als bei einer Zählung nur noch siebzig Tiere gefunden wer-den konnten. Da war klar: Wenn jetzt nicht sofort etwas passiert, ist dieses Murmeltier verloren.

Ein beherztes Rettungsteam begann deshalb, einige

Tiere einzufangen. Diese sollten in den Zoos von Toronto und Calgary und in einem weiteren Artenschutzpark auf dem Festland ein genetisches Rettungsboot bilden. Auf Vancouver Island selbst liefen parallel Maßnahmen zum Schutz der größten verbliebenen Population, und aus dem Rettungsteam formierte sich eine Stiftung zur Rettung der Murmeltiere.

Ein paar Jahre später, im Jahr 2003, wurden auf der Insel bei der Vancouver-Murmeltier-Zählung nur noch erschreckende einundzwanzig Exemplare registriert. Besser hatten sich zum Glück die ausgelagerten Fürsorglinge entwickelt – es war höchste Zeit für eine Wiederauswilderung.

Die Vancouver-Murmeltier-Rettungsaktion ist eine kleine Erfolgsgeschichte. Die Auswilderungen haben funktioniert, die Zahlen sind seitdem wieder, in bescheidenem Maß und mit Höhen und Tiefen, gestiegen; in guten Jahren wurden mehr als 350, in schlechteren nur etwas mehr als 150 Tiere gezählt (und natürlich zählt man niemals alle tatsächlich herumlaufenden Tiere).

Um diese Schwankungen besser zu verstehen, stattet die Vancouver-Island-Murmeltierstiftung nun einige Tiere mit Sendern aus. Auch für diese Aktion muss man so ein Murmeltier natürlich erst mal zu fassen kriegen. Und das ist nicht ganz ohne, denn Murmeltiere leben deutlich anders als die Menschen, die sie einfangen wollen. Das fängt schon mal damit an, dass Murmeltiere gern Gebiete bewohnen, die wir wohl als *unwirtlich* bezeichnen würden. So leben sie zwar alpin, aber innerhalb der alpinen Gebiete haben sie zusätzlich noch ganz spezielle Ansprüche und Vorlieben; für Murmeltiere müssen es schon besondere Hanglagen sein, über tausend Meter Höhe, Süd- oder Südwestlage, mit guter Wasserversorgung für saftige Wiesen, am besten durch Gletscher, und einem schön lockeren Boden, in den sich bewohnbare Höhlen graben lassen. Exakt solche Gebiete sind für Menschen nur schwer zugänglich, zumal, wenn sie dabei noch allerlei Gerät für Murmeltierfang und -Senderinstallation mit sich herumschleppen müssen.

In ihre Erdhöhlen ziehen sich die Tiere spätestens im Oktober zurück, wenn sie Lust haben, aber auch schon im September. Dort winterschlafen sie dann, kommen frühestens im späten April, vielleicht auch erst im Mai, wieder hervor und haben erstmal mächtig Kohldampf. Denn auch wenn so ein Winterschlaf mehr ist als einfacher Schlaf wie wir ihn so kennen, nämlich ein radikales Herunterfahren sämtlicher Betriebssysteme bei extrem reduziertem Herzschlag, verlieren sie in diesen langen Monaten oft mehr als ihr halbes Körpergewicht.

Eigentlich eine ganz beneidenswerte Strategie – schön gemütlich die dunkle, kalte Jahreshälfte verpoofen und dabei auch noch überschüssiges Fett verlieren, so dass man es sich im Sommer wieder richtig schmecken lassen kann. Übrigens murmeln Murmeltiere keineswegs, weder mit Glaskugeln noch akustisch, weder auf der Insel noch auf dem Festland; Murmeltiere pflegen nämlich zu pfeifen, wobei das Vancouver-Murmeltier fünf unterschiedliche Pfeiftöne für unterschiedliche Situationen beherrscht – mehr als andere Murmeltierarten!

Zurück zu den Fangmethoden: Mit ihrem ganzen Equipment klettern die Murmeltieraktivisten also, so lange die Tiere gerade mal wach sind, ins abschüssige Murmeltierhabitat und stellen ihre Fallen auf. Aus Erfahrung wissen sie: Mit Erdnusscreme fängt man Murmeltiere. Und mit Ferngläsern beobachtet man sie dabei. Ist eines in die Erdnussfalle getappt, versucht man blitzschnell dorthin zu stolpern, betäubt das Tier und knipst ihm den Peilsender ans Ohr. Danach wacht so ein Murmeltier auf und wackelt auf erstaunliche Weise gleich wieder los, als sei nichts gewesen.

Die Daten, die das Tier danach liefert, sind wertvoll und aufschlussreich. Sie geben Hinweise, wo sich Murmeltiergruppen aufhalten, ob und wie sie umherwandern, wo sie den Winter verbringen, und ob es irgendwo Katastrophen gab oder gegeben haben könnte.

Diese Katastrophen haben fast immer eine ziemlich eindeutige und nicht ganz unnatürliche Ursache, und die heißt: Raubtiere. Haupttäter sind Adler, Pumas und Wölfe. Ganze Murmeltiersippen kann so ein Puma mit einem einzigen Besuch mal eben auslöschen.

Nun mag man sich fragen, wie es zum plötzlichen Murmeltiersterben auf Vancouver Island kommen konnte, obwohl die verantwortlichen Räuber keineswegs neu auf der Bildfläche erschienen sind. Adler, Pumas und Wölfe sind dort schließlich genauso beheimatet wie Murmeltiere.

Die Antwort ist nicht ganz einfach, geht aber in die Richtung: Etwas in der offenbar sehr fein austarierten Balance zwischen Raub- und Beutetieren hat sich da verschoben. Und solche Verschiebungen haben im kleinen Ökosystem einer Insel gleich viel stärkere Auswirkungen als in weitläufigeren Gebieten. Zum Beispiel, wenn die Bestände anderer, eigentlich wichtigerer Beutetiere wie Elche und Hirsche ihrerseits zuvor zurückgegangen sind. Ins Gewicht fallen da auch Umweltveränderungen, wie Straßen, die den Murmeltierlebensraum zerschneiden, wodurch der bei den Tieren wichtige Austausch von Jungtieren erschwert wird. Oder dass sich die Gletscher, aus denen die Murmeltierhänge mit Wasser versorgt werden, zurückziehen. Im Jahr 2021 brachte eine extreme Hitzewelle Temperaturen an die kanadische Westküste, wie man sie sonst nur in Wüstenstaaten antrifft, gefolgt von Feuern. Unter solchen Bedingungen verschiebt sich eine fein austarierte Balance schnell mal noch weiter.

Aber die Vancouver-Murmeltierretter bleiben dran, mit ihren Sendern und ihrer Erdnusscreme und ihrem Herzblut, und für so etwas kann man ja auch mal dankbar sein.

Der Vaquita

Dies ist die Geschichte von der kleinen Kuh. Es ist eine Geschichte von Getriebenen, von Drogenclans, fetten Fischen, armen Fischern, korrupten Politikern, verzweifelten Forschern und einem Kleinod der Evolution, das mit all dem gar nichts zu tun hatte und sich doch in den Netzen der Geschehnisse verstrickte.

Es gibt Tiere, die an Verschmutzung eingehen, andere werden gejagt und ausgerottet, weil sie vermeintlich böse, lecker oder wertvoll sind, wieder andere werden von konkurrierenden Arten verdrängt oder durch die Klimaerwärmung gegrillt. Nichts davon trifft auf den Hauptdarsteller dieser Geschichte zu. Sein Fleisch ist wertlos, er kommt mit den Veränderungen seiner Umwelt unterm Strich noch einigermaßen klar und er muss sich auch nicht vor bedeutenden Fressfeinden fürchten.

Der Vaquita misst gerade einmal anderthalb Meter und wiegt gut 40 kg. Er trägt lustige schwarze Ringe um die Augen und einen schwarzen Lippenstift – einen extrem wasserfesten wohlgemerkt, denn er ist ein Delfin. Die Fischer am Golf von Kalifornien, jener langgestreckten Meeresbucht zwischen Baja California und Mexiko, haben ihm deshalb seinen Kosenamen gegeben. *Vaquita* heißt so viel wie *kleine Kuh* oder *Kälbchen*. Er ist nicht nur der kleinste Delfin, er ist zugleich auch der bedrohteste Meeressäuger der Erde. Gerade einmal 567 Tiere zählten Forscher im Jahr 1997. 2008 waren es noch 245, 2020 schließlich neun – Tendenz, nun ja, gegen null. Der Grund: Tod durch Ertrinken.

Wie kann ein Delfin ertrinken? Zumindest diese Geschichte ist schnell erzählt. Vaquitas sind – wie natürlich alle Wale – Säugetiere und damit Lungenatmer. Ihr Futter besteht zum Großteil aus Tintenfischen sowie Meeresfrüchten und Fischen vom Boden. Und so taucht der Vaquita zum Grund, frisst, landet auf dem Weg nach oben in einem Fischernetz und ertrinkt.

Jahr für Jahr verenden tausende Delfine weltweit in Fischernetzen, für den Vaquita könnten sie nun das Aus bedeuten. Es geht den Fischern dabei nicht um den Vaquita – ihr Ziel ist ein Fisch namens Totoaba, der Jahr für Jahr hierherkommt, um sich fortzupflanzen, und der zufälligerweise genauso groß ist wie der Vaquita.

Und nun kommt die Politik ins Spiel. Denn auch der Totoaba ist bedroht – er wurde schon 1978 von der mexikanischen Regierung unter Schutz gestellt –, und der mysteriöse Vaquita, von dem man bis dahin nur einen Schädel kannte, gleich mit. Genützt hat es nichts, denn: wo kein Kläger, da kein Richter. Es wurde munter weiter gefischt. Ab den 1990er-Jahren eskalierte die Situation zusehends. Im Zuge der Verhandlungen um das Freihandelsabkommen NAFTA zwischen Mexiko und den USA war im Norden des Golfs von Kalifornien eine Schutzzone ausgerufen worden. Als später auch ein temporäres Fangverbot erlassen wurde, setzten Fischer im Küstenort Santa Clara erstmals Regierungsfahrzeuge in Brand und

Ein prekäres Bestiarium

entführten Staatsbeamte. 2007 bot die Regierung Fischern, die ihre Fangerlaubnis abgaben, finanzielle Hilfe zum Bau von Hotels für den Ökotourismus an. Die Sache hatte nur einen Haken: Es gab keinen Plan zur Entwicklung des Tourismus in dieser Region. Wer dem Aufruf folgte, sah sich denn auch getäuscht. Es kamen keine Touristen. Stattdessen kam das Sinaloa-Kartell. Das für Drogenhandel, Geldwäsche und Menschenhandel berühmte Verbrecher-Syndikat hatte einen weiteren lukrativen Markt entdeckt: das Kokain der Meere. Die Schwimmblase des Totoabas gilt in China als vermeintliches Heil- und Anti-Aging-Mittel. Eine Schwimmblase wiegt bis zu einem Kilo und kostet so viel wie anderthalb Kilo Kokain. Für die lokalen Fischer, die mit den wirtschaftlichen Folgen eines Fangverbots weitgehend allein gelassen werden, stellt sich somit die Frage nicht, wes Brot sie essen sollen. Sie haben niemals vorsätzlich einen Vaquita getötet. Sie müssen ihre Familien ernähren.

So wurde der Vaquita endgültig zum Kollateralschaden eines von Gier und Korruption getriebenen Staatsversagens.

2017, als noch etwa 30 Tiere übrig waren, wurde ein letzter Versuch unternommen, das Schicksal des Vaquitas zu wenden. In einer millionenschweren Operation eines internationalen Teams mit Unterstützung der Marine sollten die verbliebenen Tiere gefangen und in menschliche Obhut genommen werden. In schwimmenden Meeresgehegen sollten die Letzten ihrer Art vor Netzen geschützt vermehrt werden. Doch der Versuch scheiterte. Nur zwei Tiere konnten überhaupt gefangen werden, und als eins kurz darauf vor Aufregung starb, wurde die Aktion abgebrochen.

Das Schicksal des Vaquitas scheint besiegelt. Damit wird

er sich wohl einreihen in die Liste der ersten seit Menschengedenken ausgestorbenen Walarten, die vor einigen Jahren durch den Yangtse-Flussdelfin eröffnet wurde. Der nächste auf der Liste könnte der an der Westküste Afrikas lebende Sousa-Delfin sein, die Weltnaturschutzunion IUCN hat bereits Alarm geschlagen. Botschaft: eingreifen, und zwar schnell!

Das ist neu. Es ist ein Umdenken. Fehler zu machen, tut weh. Einen Fehler zu wiederholen, ist unverzeihlich. Beim Vaquita hat man gesehen, was kommt. Man hätte früher reagieren müssen, als man sah, dass Gesetze ihm nicht helfen können, man hätte ihn früher rausholen müssen aus seinem Lebensraum, der für ihn zur tödlichen Falle geworden war.

Man hat sich nicht getraut. Wohl auch aus Angst vor der Reaktion des Zeitgeistes – einen Delfin seinem natürlichen Lebensraum entreißen? Wie unmoralisch!

Zu spät. Vorbei, verweht, nie wieder.

Der Viktoriasee-Buntbarsch

 Leider ist diese Kapitel-Überschrift ziemlicher Quatsch. Denn es gibt nicht *den* Viktoriasee-Buntbarsch. Es gibt derer geschlagene fünfhundert. Fünfhundert Buntbarscharten, die allesamt nur in diesem einen See im Osten Afrikas vorkommen. Nur mal so zum Vergleich: Bei uns leben ebenfalls fünfhundert Süßwasserfischarten – allerdings in ganz Europa. In Deutschland sind es jämmerliche sechzig. Dabei ist der Viktoriasee gerade mal so groß wie Bayern. Gut, das ist schon ziemlich groß für einen einzelnen See (ist ja auch der größte von Afrika), dennoch ist diese Artenvielfalt schier atemberaubend.

Noch atemberaubender ist nur das Tempo, das die Evolution dort vorgelegt hat. Artbildungsprozesse gelten ja gemeinhin als eine ziemlich langwierige Angelegenheit. Normalerweise vergehen schnell mal eine Million Jahre und mehr, bis sich eine genetische Linie von ihrem Vorgänger so weit entfernt hat, dass sie als eigene Art durchgeht. Bei den Viktoriasee-Buntbarschen hat die Entwicklung der fünfhundert endemischen, also nur dort vorkommenden Arten keine 15 000 Jahre gedauert. Das kann man deshalb so genau sagen, weil der See vor 15 000 Jahren noch vollständig ausgetrocknet und damit definitiv fischfeindlich war. Dann füllte er sich wieder und wurde also von den Buntbarschen besiedelt, die in schneller Spezialisierung jede sich bietende Nische einnahmen, wie Darwinfinken auf Speed.

Und so schwammen bald fünfhundert Buntbarsche in allen erdenklichen Farben und Zeichnungsvarianten im See herum und pflegten exzentrischere Ernährungsgewohnheiten als die Insassen jedes innerstädtischen Szenebezirks.

Ishmaëls Viktoriasee-Buntbarsch etwa frisst ausschließlich Wasserschnecken. Die schnappt sich der 14 Zentimeter große, gelbgrün und schwarz quergestreifte Fisch mit seinem ganz normalen Kiefer und befördert sie dann weiter nach hinten in den Schlund, wo er gleich noch einen mit Zähnen bestandenen Kiefer samt extra verstärkten Knochenplatten hat, die wie Mahlsteine gegeneinander verschoben werden – praktisch für das Knacken von Schneckengehäusen.

Diese zusammengewachsenen Schlundkieferknochen gelten – neben allerlei genetischen Extras – als ein Schlüssel für das hohe Evolutionstempo der Buntbarsche. Sie ermöglichen eine schnelle Anpassung an unterschiedlichste Nahrungsquellen: Fische, Insektenlarven, Aufwuchs, Plankton und Wasserpflanzen. Jede Art hat ihre eigene Leib- und Magenspeise, die sie mit ihrem Doppelkiefersystem erschlossen hat.

Aber die Fische können noch mehr tolle Sachen mit ihrem Maul. Es dient nämlich auch als Kinderzimmer. Viele Arten brüten ihre Eier darin aus, und selbst nach dem Schlupf können die Kleinen noch ins elterliche Maul flüchten und sich dort vor den Gefahren der Umgebung in Sicherheit bringen.

Wenn diese nicht gerade in Form des Makobe-Viktoriasee-Buntbarsches lauern. Dann sitzen die Kleinen plötzlich in der Falle. Denn der 16 Zentimeter lange, ziemlich hübsch schwarz-gelb-grau marmorierte Räuber mit teils blauer Rückenflosse ist darauf spezialisiert, in einer Art Todeskuss mit seinem Maul Eier und Jungfische aus dem Maul anderer Buntbarsche heraus- und in sich hineinzusaugen, wo sie allerdings nicht bebrütet, sondern verdaut werden.

So unterschiedlich ihre Ernährungsgewohnheiten sind, beide Arten teilen ein gemeinsames Schicksal: Sie leben heute vermutlich nur noch in einigen Aquarien. Denn noch schneller, als die Viktoriasee-Buntbarscharten entstanden sind, sterben sie gerade wieder aus. Der Hauptgrund dafür (neben den üblichen Problemen wie Lebensraumzerstörung, Wasserverschmutzung und zudem auch noch alles überwuchernde eingeschleppte Wasserhyazinthen) ist ausgerechnet – der Viktoriabarsch.

Und ja, es geht um genau *den* Viktoriabarsch. Den einen, der, Entschuldigung, in aller Munde ist. Von dem es auf einer beliebig herbeigegoogelten Seite irgendeiner *Fischmanufaktur* heißt, sein Fleisch sei »würzig-schmackhaft und fest, der Fisch hält seine Form beim Braten, Grillen, Dünsten und Kochen. Er ist der perfekte Fisch auch für ungeübte Köche, denn er verzeiht auch einen etwas robusteren Umgang.« Klingt gut? Klingt noch viel besser: »Wenn es um den kostbaren Bestand Meer geht, gehen wir keinerlei Kompromisse ein: Unser Victoriasee-Barsch stammt aus Naturland Wildfisch zertifizierten Fischereien im Victoriasee.« Mag sein, dass der Viktoriabarsch einen robusten Umgang verzeiht. Der Viktoriasee tut das nicht.

Der Viktoriabarsch kommt ursprünglich überhaupt nicht aus dem Viktoriasee. Mit bürgerlichem Namen heißt er eigentlich Nilbarsch, und er lebt, kann man sich ja schon denken, im Nil (und anderen afrikanischen Flusssystemen). Weil die im Viktoriasee heimischen Buntbarsche ein bisschen schmächtig geraten sind (obwohl es durchaus geeignete Speisefische unter ihnen gab), ist die kenianische Regierung in den 1950ern auf die Idee gekommen, den mit bis zu 180 Zentimetern und 200 Kilo deutlich wuchtigeren Fisch dort auszusetzen. Dickere Barsche gleich größerer Wohlstand, lautete die fischige These. Doch die Nilbarsche waren nicht nur größer, sie waren den heimischen Buntbarschen auch deutlich überlegen. Und das liegt ausgerechnet an genau jenem Trick der Evolution, der den Buntbarschen einst erst ihre Formenvielfalt ermöglicht hatte. Zwar können sie mit ihrem zusammengewachsenen Schlundkieferplatten viel besser als ihre Verwandten harte Nahrung zermalmen, dafür kauen sie aber ziemlich lange an ihr herum. Bis zu einer Stunde brauchten fischfressende Viktoriasee-Buntbarsche, um einen einzigen Fisch runterzukriegen. Ein Nilbarsch dagegen macht nur einen großen Happs, und weg ist der Fisch. Die fischfressenden Buntbarsche, sofern sie nicht selbst zur Beute der größeren Nilbarsche wurden, waren schlicht zu langsam – und sind in der Folge ganz verschwunden. Über hundert der Viktoriasee-Buntbarsche, darunter fast alle Offenwasserbewohner und Fischfresser, wurden so bereits ausgerottet.

Noch eine weitere Eigenschaft, die eigentlich ein evolutionärer Vorteil ist, hat sich in der Öko-Katastrophe am See in einen Malus verwandelt und führt nun statt zu florierender Biodiversität schnurstracks in die Ausrottung: Die vielen bunten Farben und Zeichnungen der Buntbarsche dienen ja nicht in erster Linie dazu, das Auge des Menschen zu erfreuen, sondern sie unterstützen eigentlich die Artbildung: Sie verhindern Fehlpaarungen, weil die nah verwandten und daher untereinander oft noch fortpflanzungsfähigen Fische sich durch die auffälligen optischen Signale problemlos erkennen und auseinanderhalten. So weit, so gut. Doch jetzt hat sich die Situation grundlegend geändert. Der Nilbarsch ist viel fetthaltiger als die heimischen Buntbarsche. Er kann von den Menschen am See nicht, wie traditionell üblich, durch Trocknen haltbar gemacht werden. Man muss ihn räuchern. Dafür braucht man Holz. Und weil plötzlich alle See-Anwohner nur noch räucherbedürftige Nilbarsche in den Netzen hatten statt trocknungsfähiger Buntbarsche, wurde die nähere Umgebung weitgehend abgeholzt. Dadurch ist der Boden nicht mehr gegen Erosion geschützt. So wird mit den häufigen Niederschlägen immer mehr Erdreich in den See gespült und hat das einstmals klare Wasser in Ufernähe in eine trübe Brühe verwandelt, in der die Buntbarsche ihre eigenen Farben nicht mehr erkennen und sich reihenweise falsch verpaaren, sodass die verschiedenen Arten nach und nach wieder verschwinden.

Evolution verkehrt herum – *Darwins Alptraum* heißt passenderweise ein preisgekrönter Film aus dem Jahr 2005, der das Desaster rund um die Viktoriabarschwerdung des Nilbarsches dokumentiert.

Zumindest einige der Buntbarsche könnte ihre Rekordartbildungsgeschwindigkeit aber doch noch retten. Eben weil sie deshalb die Stars der Evolutionsbiologinnen sind, schwimmen sie für diverse Untersuchungen auch in deren Laboren herum. Um auch zukünftig noch an ihnen forschen zu können, bot man überzählige Tiere privaten Aquarianern an, mit der Bitte, diese durch Nachzucht zu erhalten. Es ist eine kleine Schar von Forschungseinrichtungen und engagierten Fischfreunden, die sich dem Massensterben im See entgegenstemmt; um die 60 Arten sind auf diese Weise aber vorerst in Sicherheit. Darunter auch der Makobe- und Ishmaëls Viktoriasee-Buntbarsch, die uns mit ihren Supermäulern also hoffentlich erhalten bleiben. Falls es je gelingt, den Viktoriabarsch wieder zum Nilbarsch downzugraden, könnte man die überlebenden Viktoria-Buntbarsche mit ihrer Superkraft Blitzevolution wieder in ihre Heimat entlassen. Dann müssen wir nur noch 15 000 Jahre warten, und alles ist wieder gut.

Das Visayas-Pustelschwein

Was man halt so an Wände kritzelt: bevorzugt Schweine-
reien. Entschuldigung, aber diesen Kalauer konnten wir
einfach nicht ungenutzt liegen lassen. Wobei der alternative
sachliche Texteinstieg auch nicht wirklich seriöser geklun-
gen hätte. Aber lesen Sie selbst:

Die älteste bekannte Zeichnung der Menschheit zeigt
ein ... – Pustelschwein.

Sehen Sie? Aber so ist es nun mal. 2021 veröffentlichte
ein internationales Forschungsteam die Entdeckung einer
Höhlenzeichnung von der indonesischen Insel Sulawesi, deren Alter auf mindestens 45.500 Jahre bestimmt wurde. Und
dieses erstaunlich gut erhaltene, älteste Kunstwerk der Welt
zeigt ein Wesen mit schweineförmigem Körper, schwarzem Fell, einer Mähne als markantem Irokesen-Kamm
auf Nacken und Rücken sowie Pusteln am Kopf. Klare Sache also: Pustelschwein. Zwar ein Celebes-Pustelschwein,
aber dass es sich bei den Pustelschweinen der südostasiati-
schen Inselwelt nicht nur um eine Art handelt, sondern um
nach heutigem Kenntnisstand etwa sieben ganz verschiedene Schweine, wussten die Menschen vor 45.500 Jahren
noch nicht. Das wussten ja noch nicht mal die Menschen
vor 40 Jahren; auch da war Pustelschwein im Wesentlichen

noch Pustelschwein (bis zu einer wissenschaftlichen Arbeit von 1981, die damit aufräumte, hatte man nur drei Pustelschweine unterschieden).

Überhaupt wusste man vor 40 Jahren noch nicht allzu viel über Pustelschweine, was unter anderem damit zu tun hatte, dass teilweise nicht einmal klar war, ob es sie überhaupt noch gibt. Ein Umstand, der den britischen Schweinespezialisten William Oliver vom Zoo Jersey arg bekümmerte. Schweinespezialist – das behauptet in Deutschland natürlich jeder zweite Grillmeister zu sein. Aber Oliver war Vorsitzender der *Wild Pigs Specialist Group* der Weltnaturschutzunion IUCN, also sozusagen ein amtlich beglaubigter Schweinespezialist (und ist es nicht irgendwie tröstlich zu wissen, dass es eine solche Gruppe überhaupt gibt?). Jedenfalls traf Oliver zu jener Zeit auf Roland Wirth, einen Münchener Schweine-, Hirsch- sowie überhaupt Liebhaber wenig prominenter, bedrohter Tiere. Wirth hatte mit einigen Mitstreitern 1982 die *Zoologische Gesellschaft für Arten- und Populationsschutz* (ZGAP) gegründet, eine kleine, aber schlagkräftige Organisation, die sich der Rettung genau solcher Arten verschrieb. Er war damals auf der Suche nach Hinweisen über den Verbleib des extrem seltenen Prinz-Alfred-Hirsches, der ebenso wie das Visayas-Pustelschwein in den arg dezimierten Regenwäldern der Philippinen verschollen war und von dem es bislang nur eine einzige Zeichnung gab, und die nicht mal an einer Höhlenwand, sondern nur in *Grzimeks Tierleben*. Von manchen Zoologen wurden beide Arten in den Achtzigern bereits für ausgestorben erachtet. Man müsste mal hinfahren und gucken, dachten Wirth und Oliver sich, doch leider fehlte Geld. Da traf es sich gut, dass Roger Cox, ein recht

Ein prekäres Bestiarium

wohlhabender junger Anthropologe, gerade auf der Kanalinsel Jersey weilte, standesgemäß zum Golfen. Doch eines Tages ging er zur Abwechslung auch mal in den Zoo, war von dessen Arbeit begeistert und kam mit Oliver ins Gespräch, der zufällig gerade Dienst hatte. Cox bot ihm an, nach dem Einputten auf eigene Kosten irgendwohin zu reisen, wo er hilfreich sein könnte. Da hatte Oliver eine Idee – er schickte den jungen Mann auf die Philippinen zur Suche nach den geheimnisumwitterten Tieren.

Und Cox lieferte. Erst ein Foto vom Prinz-Alfred-Hirschen, dann eines von einem halben Visayas-Pustelschwein. »Halb« deshalb, weil es ein Hybridschwein war, eben halb Haus-, halb Pustelschwein.

So war die Freude über den Wiederfund sogleich getrübt durch die Sorge um dessen Überlebenschancen. Denn nicht nur, dass der natürliche Lebensraum der Pustelschweine durch die rasante Abholzung der philippinischen Wälder immer rascher verloren ging, auch der Hunger der Philippinos auf Schweinefleisch verhieß nichts Gutes. Da haben es andere Pustelschweine auf indonesischen Inseln etwas besser, denn die dortige muslimische Bevölkerung macht sich nichts aus Schweinen. Aber die Philippinen sind katholisch, und der Katholik schätzt das Schwein mit dem Mähnenkamm gern auch als Schweinekamm. Damit er auch sonst genug für die Grillplatte hat, hält er Hausschweine, die der Einfachheit halber frei in der Gegend herumlaufen und noch nah genug mit den Pustelschweinen verwandt sind, um sich mit ihnen zu kreuzen. Die daraus resultierenden Hybridschweine schmecken zwar vermutlich genauso, sind aber eben keine Pustelschweine mehr.

Exkurs »Wenig bekannte Fakten über das deutsche Schwein«: Auch bei uns liefen Hausschweine einst einfach so frei herum, denn sie sind findig und können gut für sich selbst sorgen. Und auch bei uns lebt eine wilde Schweineart, eben das Wildschwein, das sich lustig mit den Hausschweinen paarte. So gab es in der ersten Hälfte des 20. Jahrhunderts kaum mehr echte Wildschweine in Deutschland, sondern fast nur noch wildlebende Schweinehybriden. Bis zum Zweiten Weltkrieg. Nach dessen Ende war der Hunger in der Bevölkerung so groß, dass alle frei herumlaufenden Schweine bald aufgegessen und die Hybridschweine somit ausgerottet waren. Mit dem zunehmenden Wohlstand der Nachkriegszeit konnten dann wieder echte Wildschweine aus dem Osten einwandern, oder sie wurden von Jägern gezielt ausgesetzt. Sie konnten sich rasch wieder etablieren, weil die Deutschen ihren Schweinebraten nun lieber aus dem Supermarkt als aus dem Wald holten. Im Grunde besteht unser gesamter heutiger Wildschweinbestand also aus osteuropäischen Migranten. Wenn das die AfD wüsste! Exkurs Ende.

Den Schweinefreunden Cox, Oliver und Wirth jedenfalls war bald klar, dass die Lage für das Visayas-Pustelschwein ausgesprochen ernst war. Auf den meisten philippinischen Inseln war es bereits ausgerottet, im Wesentlichen hatte sich nur auf Panay und Negros ein winziger Restbestand gehalten, dessen Zahl sie nach ersten Erhebungen auf einen unteren dreistelligen Bereich schätzten, Tendenz fallend. Was übrigens auch für ihre Umgebung ein Problem ist, denn die diversen Pustelschweinarten tragen mit ihren von der Natur zum Wühlen in der Erde vorgesehenen Schweinenasen

Ein prekäres Bestiarium

durch Lockerung des Bodens und Einarbeiten der Baum-
samen zum Erhalt der Regenwälder ihrer Heimatinseln bei.

Daher bauten die Artenschützer auf den Philippinen
Zuchtstationen für die bedrohten Tiere auf (Oliver verließ
Jersey sogar bald darauf, um ganz zu seinen Punker-Schwei-
nen zu ziehen). Gleichzeitig exportierten sie einige Tiere in
Zoos nach Europa und in die USA, um für eine Ex-situ-
Population zu sorgen. Für alle Fälle – und zur Geldbeschaf-
fung. Denn viele Zoos, die die Tiere bei sich aufnahmen,
spendeten an die philippinischen Schutzzentren. Was sich
gleich mehrfach auszahlt, denn dort finden heute neben den
Visayas-Pustelschweinen beispielsweise auch die schon erwähnten Prinz-Alfred-Hirsche sowie die ebenfalls hoch bedrohten Dolchstichtauben und zwei Hornvogel-Arten Asyl.

Inzwischen konnten sogar erste Pustelschweine wieder
ausgewildert werden. Womit die Zahl der heute noch lebenden Tiere sich um etwa 80 in den Stationen und weitere
240 in Zoos fast verdoppelt hat. Möglicherweise könnte in
den nächsten Jahren also eine Visayas-Pustelschwein-Welt-
bevölkerung von über 1000 erreicht werden.

Nur mal so zur Relation: Jeder niedersächsische Schwei-
nebaron hat mehr Tiere. Rund 50 Millionen Hausschweine
werden jährlich in Deutschland zum Schlachten gezüchtet.
Die Anzahl der Tiere pro Betrieb liegt derzeit bei durch-
schnittlich 1200 bis 1300. Aber das sind natürlich auch ganz
arme Schweine.

Das Vulkankaninchen

Kaninchen gehören zu den niedlichsten Tieren der Welt, darüber herrscht weitgehend Einigkeit. Und das Vulkankaninchen ist noch einmal besonders niedlich, es ist ja auch besonders klein. Es ist das kleinste Kaninchen auf dem amerikanischen Kontinent.

Da gestehen wir ihm gerne zu, dass es beim Essen etwas mäkelig ist. Um nicht zu sagen: monothematisch. Das kleine Vulkankaninchen ernährt sich von Gras, aber selbstverständlich nicht wahllos oder abwechslungsreich von diesem und jenem Gras, sondern nur von einem speziellen Gras. Dieses Gras heißt Zacatón, und es wächst keineswegs überall, oh nein! Es wächst nur in Höhenlagen ab 2800 und bis 4300 Meter – und das auch nur in Mexiko! Das ist selbst im Vergleich zu wählerischen Kindern, die wochenlang nur von Nudeln mit Ketchup leben, noch mal eine echte Eskalationsstufe.

Die Berge, auf denen das Zacatóngras wächst, sind im Übrigen gleichzeitig Vulkane – daher der Name des Kaninchens, wobei die Mexikaner das Tierchen Zacatuche nennen oder Teporingo. Die wählerische Ernährung ist inzwischen leider ein Problem für das Teporingo. Denn wenn sein Lebensraum mitsamt dem Zacatón zerstört wird, kann es nicht einfach woanders hin hoppeln und dort anderes Gras fressen. Das heißt, das kann es schon, aber sobald es kein ordentliches Zacatóngras mehr bekommt, kann es sich nicht mehr ordentlich vermehren. Es gibt einen rätselhaften Zusammenhang von Zacatóngras und Säuglingssterblichkeit beim Vulkankaninchen. Andere Kaninchen sind für ihre Vermehrungsfreudigkeit ja sprichwörtlich, und dabei ist es ihnen auch ziemlich egal, was sie fressen. Anders beim Teporingo.

Und sein Lebensraum wird tatsächlich zerstört – wie sollte es auch anders sein. Zu nah liegt er an der Mega-Metropole Mexico City, zu viel davon wird als Acker- und Weideland beansprucht. Die niedlichen Vulkankaninchen in Zoos oder Tierparks oder im eigenen Garten zu züchten, ist aber leider sehr schwierig, man ahnt es schon, man müsste das Zacatóngras dafür gleich mit züchten, und dafür wiederum müsste man sich einen mindestens 2800 Meter hohen Vulkan in den Garten stellen.

Zusammen mit dem Teporingo ist übrigens auch ein ganz bestimmter Fadenwurm von Aussterben bedroht, der nämlich die wunderliche Eigenart hat, als Parasit im Magen ausschließlich dieser einen Kaninchenart zu existieren. Vielleicht, weil auch ihm nur das Zacatóngras schmeckt, wer weiß. Die Präferenzen von Fadenwürmern sind oft noch rätselhafter als die von Kaninchen.

Man könnte daraus lernen, dass es sich lohnt, als Lebewesen etwas breiter aufgestellt zu sein mit seinen Lebens- und Ernährungsgewohnheiten. Andererseits sind es auch gerade seine Schrullen, die das Teporingo mitsamt seinem Wurm so sympathisch machen. Möhrchen knabbern kann schließlich jeder.

Der Waldrapp

Über Geschmack lässt sich ja bekanntlich streiten, aber nicht in diesem Fall: Ein Vogel mit nacktem, faltig-runzligem Kopf, langem, sichelförmigem, eher an einen verdorrten Knochen erinnerndem Schnabel und einer Punk-Frisur aus wild in alle Richtungen abstehenden schwarzen Federn, die ihn aussehen lassen, als wäre er gerade Opfer einer heftigen Explosion geworden oder habe einen Stromschlag erlitten – wem beim Anblick eines Waldrapps nicht umgehend das Herz aufgeht, der hat vermutlich keines. Oder ist Katzenliebhaber.

Unter den europäischen Vögeln ist dieser Ibis ein echtes Unikat und selbst von Leuten, die einen Spatzen nicht von einem Adler unterscheiden können, problemlos zu erkennen. Gut 75 Zentimeter lang, schwarzes Gefieder, lange, nackte, rote Beine mit langen Zehen, dazu der wie aus einem Cartoon zu stammen scheinende Kopf – so einen gibt's wirklich nur einmal! Kurz zusammengefasst: eine wüste Kreuzung aus Storch und Krähe mit extravagantem Haarschnitt.

So strubbelig sein Auftritt, so gepflegt sind seine Umgangsformen. Der Waldrapp ist ausgesprochen gesellig und tut sich gerne mit Kumpels zu kleinen Kolonien zusammen. Das Alleinsein lehnt er ebenso ab wie traute Zweisamkeit, die Kleinfamilie ist für ihn kein akzeptables Modell, auch mit Social Distancing darf man ihm nicht kommen. Hat das Waldrapp-Paar keine Gesellschaft um sich herum, verschwendet es keinen Gedanken ans Kinderkriegen. Dabei sind Frau und Herr Waldrapp einander sogar treu. Also, zumindest für eine Saison. Trotzdem: Drumherum muss ordentlich was los sein. So leben dutzende, manchmal sogar über hundert der schrägen Vögel in Wohngemeinschaften an Felssteilwänden. Zu Beginn der Saison fliegen sie erst einmal ein paar Tage lang ausgiebig um den Wohnfelsen herum – praktisch ein Flatter-Tinder, denn bei diesen Flugmanövern besichtigen die potenziellen Partner einander, bis es zum Match kommt. Dann sucht sich das Paar eine Felsnische und stellt sich einander erst einmal ordentlich vor: Dabei spreizen beide ihre Kopffedern weit ab, werfen wechselseitig immer wieder den Kopf in den Nacken und zeigen sich so ihre intimsten Stellen – nämlich die bei jedem Tier etwas unterschiedliche Zeichnung der Kopfhaut. Dazu lassen sie ein lautes Gekrächze ertönen. Das macht auch den Rest der Kolonie ganz wuschig, sodass andere bereits im Fels ruhende Rappe in dieses Ritual einfallen, das auch nach der Paarungszeit beibehalten wird.

Tagsüber sind Waldrappe auf Wiesen unterwegs und suchen nach Nahrung. Gefressen wird alles, was sich beim Stochern mit dem langen Schnabel aus dem Boden porkeln lässt: Würmer, Insektenlarven, aber auch mal ein Frosch oder eine Maus. Pingelig sind die Waldrappe bei der Wahl ihrer Futtergründe nicht, sie sind auch auf Weiden und sogar Golfplätzen unterwegs. Angst vor Menschen haben sie also keine.

Was sich allerdings als Fehler erwiesen hat. Denn Waldrappe haben noch eine weitere Eigenschaft, die Menschen schon vor langer Zeit sehr für sie begeistert hat: Sie schmecken offenbar verdammt gut. Im Mittelalter und in der frühen Neuzeit galten die noch überall in Europa und im Mittelmeerraum verbreiteten Vögel als Delikatesse, sodass sie schon in der ersten Hälfte des 17. Jahrhunderts weitgehend weggeknurpselt waren.

In Deutschland und vielen anderen europäischen Ländern war der Waldrapp seither ausgerottet, nur einige kleine Kolonien, etwa in Marokko und der Türkei, haben sich bis in unsere Tage retten können. Mit zwischenzeitlich nur noch um die 500 freilebenden Tieren gehört der Waldrapp zu den seltensten Vögeln der Welt. Doch inzwischen gibt es wieder Hoffnung. In Zoos und Tierparks wurden Waldrappe erfolgreich gehalten, und rund 2000 Tiere konnten bereits nachgezüchtet werden. Genug, um neue Kolonien in freier Natur zu gründen, auch in Deutschland und Österreich.

Das einzige Problem dabei: Der Waldrapp ist ein Zugvogel. Aber er hat keinen blassen Schimmer, wo er eigentlich hinziehen soll. Tragisch – der Drang, sich im Winter in den Süden abzusetzen, ist ihm angeboren. Er weiß nur nicht, wo um Himmels willen Süden sein soll. Tatsächlich lernen Waldrappe die Zugroute und das Ziel der Reise von ihren Eltern. Da es aber keine Eltern mehr gibt, die den Weg noch kennen, könnten sie also nie wieder geeignete Winterquartiere neu für sich erschließen – wenn sich hier der Mensch nicht einmal von seiner sympathischeren Seite zeigen würde: Beherzte Tierpflegerinnen und Tierpfleger ziehen die Küken per Hand auf. Die Kleinen sind ganz verrückt nach ihren Pflegeeltern, sie erkennen sie genau – ob Vogel oder Mensch ist ihnen ganz egal, Hauptsache ›Mama‹ oder ›Papa‹ sind für sie da. Nur ihnen folgen und vertrauen sie. Man nennt so etwas Prägung. Wenn die Jungen dann flügge geworden sind und im Herbst der erste Abflug ansteht, müssen die Eltern also nur noch vorausfliegen und den Adoptivkindern den Weg zum hübschen Winterquartier zeigen.

Nun sind Menschen flugtechnisch eindeutig unterbegabt, und einem normalen Flugzeug kann ein Waldrapp nicht folgen, außerdem brauchen die Jungen auch in der Luft den persönlichen Kontakt zu den Eltern. Die starten deshalb mit Ultraleichtfliegern, also praktisch motorisierten, offenen Dreirädern, die an einem Drachen baumeln. So fliegen die Pflegeeltern voraus, und die jungen Waldrappe folgen ihnen brav. Unterwegs in der Luft müssen sie immer mal wieder per persönlicher Ansprache motiviert werden, nicht schlapp zu machen, aber am Ende kommt die seltsame Mensch-Vogel-Patchwork-Familie im warmen Süden an, und ab da wissen die Kids Bescheid, wie der Hase läuft beziehungsweise wie der Waldrapp fliegt. Den Rückweg im nächsten Frühjahr finden sie bereits selbstständig, und spätestens dann sind sie sozusagen amtlich beglaubigte Zugvögel.

Ein spektakulärer Erfolg für ein außergewöhnliches Projekt. Erst vor gut 15 Jahren haben die Artenschützer mit den ersten Versuchen dieser abenteuerlichen Reise begonnen, aber nun ziehen nach 350 Jahren Pause wieder Waldrappe regelmäßig über die Alpen.

Nach und nach werden neue Brutbestände im Norden und Überwinterungsquartiere im Süden angesiedelt. Für einen Rückschlag sorgte 2020 das Coronavirus – die Reise- und Kontaktbeschränkungen für Menschen verhinderten auch die Betreuung der Vögel, sodass dieser Jahrgang ausfallen musste.

Aber zum Glück ging es danach flugs weiter, und inzwischen gibt es auch ohnehin bereits wieder eine erfreuliche Anzahl freilebender Waldrappe mit Migrationshintergrund. So wird der weiteren erfolgreichen Rückkehr dieses nun wieder einheimischen Vogels der Pandemie-Dämpfer wohl nichts anhaben können.

Na dann: willkommen daheim, Waldrapp – und allzeit guten Zug!

Der Wangi-Wangi-Brillenvogel

»Du Brillenvogel!« – ein Name, der vielleicht einem schlaksigen Teenager mit Nickelbrille hinterhergerufen wird, der leicht geduckt über die Schulgänge schlurft und sich lieber im Hintergrund hält, um seinen natürlichen Feinden, den coolen Jungs also, möglichst geschickt auszuweichen. Eine bewährte Strategie, die auch ein kleiner grüner Vogel ausgesprochen erfolgreich und sehr ausdauernd praktiziert hat, weshalb er überhaupt erst im Jahr 2003 entdeckt und bis heute noch gar nicht offiziell wissenschaftlich beschrieben wurde: der Wangi-Wangi-Brillenvogel.

Über die Jahrtausende flatterte er ausschließlich auf der winzigen indonesischen Insel Wangi-Wangi vor der Küste Sulawesis vor sich hin und hat den lieben Gott einen guten Vogel sein lassen: 30 Grad Lufttemperatur, 12 Stunden Sonne – und das so gut wie jeden Tag. Was für ein Leben! Da könnte unser Teenager nur neidisch über seine Nickelbrille blinzeln. Apropos Brille: Die trägt der etwa 15 Zentimeter lange Vogel natürlich auch. Seinen Namen verdankt er zwei auffälligen weißen Augenringen. In Kombination mit dem hakenförmigen Schnabel verleiht ihm das ein regelrecht aristokratisches Aussehen.

Vielleicht allerdings wäre statt der weißen eine rosarote

Brille hilfreicher gewesen. Denn die ungeschönte Wirklichkeit ist aus der Vogelperspektive ausgesprochen hässlich. Auch Menschen haben die Vorzüge von Wangi-Wangi für sich entdeckt, die Insel zunehmend in Beschlag genommen und dabei den ursprünglich hier stehenden Wald weitgehend abgeholzt. Der Wangi-Wangi-Brillenvogel sieht aber nicht nur vornehm aus, er pflegt auch seine Extravaganzen. Anders als viele andere Vögel weigert er sich beharrlich, sich mit Modernismen wie Stromkabeln als Sitzwarte oder anderen menschlichen Wohnumfeldverbesserungen anzufreunden, er besteht auf seinen Originalwald als einzig angemessenen Aufenthaltsort. Doch davon ist nicht mehr viel übrig. Um genau zu sein: Davon ist nur noch ein jämmerlicher Rest von einem Quadratkilometer Fläche rund um die Landepiste des örtlichen Flughafens übrig – vermutlich, weil kein Mensch dort wegen des Fluglärms hinziehen mochte. Hoch oben in den Bäumen krallen sich die Vögel nun ins letzte verbliebene Geäst. Mit jeder startenden oder landenden Maschine müssen sie ihre Federn neu richten, so dicht über ihrem Kopf dröhnen die Flugzeuge vorbei.

Aber wenigstens waren die Brillenvögel dort sicher inmitten des Getöses. Doch nun soll der Flughafen zur Förderung des internationalen Tourismus ausgebaut werden, denn Wangi-Wangi ist Teil eines 2005 gegründeten Unterwasser-Nationalparks, der Taucher aus aller Welt anlockt. Die Verlängerung der Landebahn aber würde das letzte Waldstück vernichten. Taucherbrille versus Brillenvogel – ein ungleicher Kampf.

Gut möglich allerdings, dass schon vor seiner Abholzung gar keine Vögel mehr im Wald sitzen. Denn im rund

Ein prekäres Bestiarium

tausend Kilometer entfernten Java wimmelt es von Vogel-freunden. Die ihre Liebe zu den Sangeskünstlern allerdings auf eine denkbar ungünstige Weise zum Ausdruck bringen. Eine Tradition besagt, dass ein junger Javaner erst dann seine Reife zum Mann erlangt, wenn er die Verantwortung für einen Vogel tragen kann. Am besten für einen möglichst ausgefallenen Vogel, der in einem Käfig am Haus gehalten wird. Leider beruht diese Liebe zum Vogel nicht auf Gegenseitigkeit: Die Tiere halten es meistens nicht lange aus unter diesen Bedingungen, sterben und werden flugs ersetzt, damit niemand in der Nachbarschaft misstrauisch wird ob des verdächtigen Schweigens. So bleibt die Nachfrage konstant hoch, und viele indonesische Wälder tragen bereits den unschönen Beinamen »silent forests«. Das Schweigen der Vögel – ein echter Schocker, ganz ohne Kannibalen.

Der vorerst letzte Akt vor dem Cliffhanger: Als immer mehr Fachleute von Java zum Ausbau der Infrastruktur nach Wangi-Wangi kamen, fiel ihnen der dortige Brillen-vogel auf, der außerhalb des Eilands praktisch noch unbekannt war. Gerade deshalb wurden daheim auf Java dann Höchstpreise für ihn geboten – exquisiter als »noch nie gesehen« geht ja gar nicht. Und so kam es, dass ab 2019 plötzlich jede Menge der kleinen Vögel auf den Vogelmärkten Javas auftauchten. Wald weg, Vögel weg – doch jetzt der Plottwist in letzter Minute: Ein Artenschützer wurde auf den Vogelmärkten auf die unbekannten Winzlinge aufmerksam und nahm die Brillenvögel unter die Lupe. Er erkannte die dramatische Lage und brachte ein gutes Dutzend Exemplare in ein Zuchtzentrum für bedrohte Vögel. Diese Arche ist von verschiedenen zoologischen Institutionen ins Leben gerufen worden und dient dem Erhalt seltener Singvögel, bis ein Umdenken in der Bevölkerung Javas ihnen hoffentlich wieder ein Leben in freier Natur erlauben wird. Bis dahin sitzt der Wangi-Wangi-Brillenvogel nun also fern seiner Insel an der Seite vieler anderer Pechvögel, die ein ähnliches Schicksal teilen.

Immerhin: Der erste Nachwuchs stellte sich ein, und auch wenn auf Wangi-Wangi der Brillenvogel bald verschwunden sein wird, besteht Hoffnung auf ein Überleben in menschlicher Obhut. Wer weiß – vielleicht gelingt es ja eines Tages, in seiner Heimat wieder für einen bewohnbaren Wald zu sorgen, in dem die Winzlinge sich in Zukunft dann wieder so erfolgreich vor der Welt verstecken können wie all die Jahrhunderte zuvor.

Der Wisent

Wer nachts über die B236 zwischen Hoheleye und Alrechts-platz im nordrhein-westfälischen Rothaargebirge fährt, könnte womöglich ins Grübeln geraten, was er da eigentlich geraucht hat am Abend: Steht da tatsächlich ein ausgewachsener … – Büffel mitten auf der Straße? Ja, allerdings. Kann passieren.

Die Straße führt an der sogenannten Wisent-Wildnis am Rothaarsteig vorbei, und hier leben in freier Natur eben tatsächlich – Wisente. Was machen die denn da?

Wer sonst durch Nordrhein-Westfalen oder deutsche Mittelgebirge fährt, denkt wohl kaum daran, dass er sich durch den ehemaligen Lebensraum eines eher gelangweilt dreinschauenden Riesenrinds mit zotteligem braunem Fell bewegt. Doch so sieht's aus: Die Wisente waren zuerst hier. In ganz Europa trotteten die braunen Giganten durch die Wälder, knabberten an Bäumen herum, freuten sich über saftiges Gras auf Lichtungen und hatten ansonsten ihre Ruhe.

Denn mit einer Länge von drei Metern und einer Höhe von fast einem Meter neunzig bei einem Körpergewicht von über 900 Kilo hat ein Wisentbulle nicht viel zu befürchten. Außer vielleicht den lästigen Konkurrenten aus dem

Wald nebenan, der sich während der Brunftzeit im Herbst an seine Kühe ranmachen will. Dann allerdings gerät die Tonne Büffelfleisch in höchste Wallung und sucht die frontale Auseinandersetzung. Die beiden lassen die gehörnten Köpfe gegeneinander donnern, bis der ganze Wald bebt. Ein Naturspektakel.

Abgesehen davon sind Wisente aber friedliche Pflanzenfresser, die mit sich und der Welt im Reinen sind und ihre Tage im Wesentlichen damit rumbringen, 30 bis 60 Kilo Gräser, Kräuter und Blätter erst zu verspachteln und dann ausgiebig wiederzukäuen.

Die massigen Wildrinder waren nach dem Verschwinden von Mammut und Auerochse der üppigste Sonntagsbraten, den die frühen Jäger unserer Breiten ergattern konnten, und weil Cholesterinwerte damals noch sehr liberal diskutiert wurden, gingen die Bestände schon im Mittelalter deutlich zurück. Natürlich auch, weil aus Wäldern immer häufiger Felder wurden.

Vor rund 250 Jahren war der Wisent in Deutschland ausgerottet. In Osteuropa hielten sich die Bestände länger, wurden aber ebenfalls zunehmend dezimiert und sind letztlich als weiteres Opfer des Ersten Weltkriegs zu beklagen. In den Nachkriegswirren wurden die noch lebenden Tiere von herumirrenden Soldaten und der verelendeten Bevölkerung gejagt. Das letzte freilebende Wisent wurde 1927 im Kaukasus geschossen.

Damit wäre Europas größtes einheimisches Wildtier am Ende gewesen, hätten nicht wenige Exemplare in Zoos, Wildparks und sogar bei einigen Privathaltern überlebt. Die jedoch wurden umsorgt, gepäppelt und vermehrten sich ordentlich. Allerdings gehen alle heute noch lebenden Wisente auf lediglich zwölf ihrer Urahnen zurück. Trotz dieser extrem geringen Vorfahrenschaft wuchs inzwischen wieder eine ordentliche Wisentpopulation heran. Schließlich begann man damit, die Tiere wieder auszusiedeln, vom Kaukasus bis eben zum Rothaargebirge, wo sie seit 2013 in der Nähe von Bad Berleburg wieder wiederkäuen.

Die dortige Herde gedeiht prächtig, muss sich aber ganz neuartigen Bedrohungen stellen: Weil Wisente eben nun einmal vor sich hinwisenten und dabei auch Bäume beschädigen, bringen sie nun die Forstbesitzer gegen sich auf, die nichts mehr hassen, als wenn jemand ihre gut sortierten Wälder in Unordnung bringt. Auch Autofahrer reagieren humorlos, wenn wegen irgendwelcher Riesenkühe die Geschwindigkeit auf der Landstraße auf 50 Stundenkilometer beschränkt oder man gar von einem Tier ausgebremst wird.

Die Evolution hat die erstaunlichsten Anpassungen hervorgebracht. Wisente waren lange Zeit so erfolgreich, weil sie auch wenig nahrhafte Pflanzen verdauen und harten Wintern trotzen können. Gegen deutsche Richter allerdings haben sie keine Abwehrstrategie. Weil Waldbesitzer dagegen klagten, dass die Tiere ihre Bäume schädigen, machte ein Gericht dem ungeordneten Freilauf prompt weitgehend ein Ende. Der neue Wisent-Lebensraum im Rothaargebirge hatte ursprünglich eine Fläche von etwa 130 Quadratkilometern – so viel Wildnis ist in Deutschland aber wohl doch nicht zumutbar. Als Kompromiss wurde sie nun auf fünf Quadratkilometer begrenzt. Aber auch dagegen klagten die Waldbesitzer. Sie wollen den Wisenten das Betreten ihrer angestammten Heimat höchstrichterlich verbieten –

Ausgang ungewiss, inzwischen ist der Fall ein zweites Mal vor dem Bundesgerichtshof in Karlsruhe gelandet.

Und dennoch: Die braunen Riesen sind endlich wieder zurück. In Polen, Russland, Belarus, der Ukraine, Rumänien – und hoffentlich sogar bald mit höchstrichterlichem Segen in einem kleinen, wilden Waldstück in Nordrhein-Westfalen.

Zhous Scharnierschildkröte

Wenn draußen alles nervt und zu stressig wird, einfach mal die Schotten dichtmachen und ganz seine Ruhe haben – wer sehnte sich nicht hin und wieder nach seinem ganz privaten Mini-Lockdown?

Zhous Scharnierschildkröte macht damit ernst. Wie alle Schildkröten trägt sie ihren Panzer, der sie gegen alle Unbill der Außenwelt abschirmt, ständig mit sich herum. Dort hinein kann sie sich zurückziehen, wann immer ihr etwas nicht behagt: schlechtes Wetter, doofe Leute, so was halt. Aber während normale Schildkröten immer noch sozusagen durch die Haustür den Ärger von draußen mitbekommen, weil so ein Panzer ja nun mal Öffnungen für Kopf, Schwanz und Beine braucht, macht Zhous Scharnierschildkröte wirklich dicht. Mit einer extrem praktischen Spezialkonstruktion: Ungefähr in der Mitte des Bauchpanzers befindet sich bei ihr ein Scharnier. Dank dieser Sonderkonstruktion kann sie beide Hälften des Bauchpanzers nach oben klappen und somit die Verbindung zur Außenwelt kappen: Klappe zu – Schildkröte zwar nicht tot, aber in himmlischer Ruhe. Von allen Seiten ist sie dann fast hermetisch abgedichtet, sodass niemand ihr dumm kommen kann.

Auch sonst ist diese nicht einmal 20 Zentimeter lange Schildkröte eher eigenbrötlerisch veranlagt. Am liebsten hat sie ihre Ruhe. Andere Schildkröten findet sie einfach nur stressig. Und schon gar nicht will sie sich auf ein Techtelmechtel mit ihnen einlassen. Rüpelt dauernd der Partner um sie herum, wird Zhous Scharnierschildkröte ausgesprochen prüde. Kein Gedanke mehr an Nachwuchs. Und wenn einem Schildkrötenmännchen gar ein Geschlechtsgenosse begegnet, setzt es gleich die Hasskappe auf. Aus dem gemütlichen Panzerträger wird dann eine echte Adult Mutant Ninja Turtle.

Das Urtier kriecht also am liebsten allein über den Waldboden in China oder Vietnam. Nimmt man an. Aber nichts Genaues weiß man nicht: Zhous Scharnierschildkröte ist dermaßen selten, dass wir keine Ahnung haben, wo die Tiere eigentlich leben. Beziehungsweise lebten. Denn bekannt sind sie lediglich von jenen chinesischen Tiermärkten, die seit der Corona-Krise eine ziemlich schlechte Presse haben. Dabei waren sie schon vorher ein echtes Problem für den Artenschutz: Abertausende, teils hoch bedrohte Schildkröten wurden dort als Lebensmittel und Wunderpulver verkauft. Je seltener die Art, desto höher der Preis. Und Zhous Scharnierschildkröte erzielte besonders gute Preise. In den 1980er-Jahren wurde sie dort erstmals angeboten und fiel chinesischen Wissenschaftlern auf, die sie 1990 als eigene Art beschrieben. Da waren aber bereits so viele Tiere in den Kochtopf gewandert, dass allmählich astronomische Preise von mehreren tausend Dollar für sie auf den Tisch gelegt wurden – pro Exemplar. Bis sie ganz verschwunden waren. Tatsächlich wissen wir nicht einmal, ob es diese Art in freier Natur überhaupt noch gibt. In den letzten zehn Jahren sind nur noch zwei Exemplare entdeckt worden – selbstverständlich im Angebot eines Marktstands.

Heute leben weltweit rund fünfzig Tiere in Zoos und Zuchtstationen, die der Schlachtung entronnen sind. Unglücklicherweise haben sie die chronische Übellaunigkeit ihrer Rettung zum Trotz nicht abgelegt, sodass Versuche, sie zur Fortpflanzung zu bringen, regelmäßig scheiterten.

Des Rätsels Lösung entdeckte schließlich Elmar Meier, ein Schildkrötenfreund aus der Nähe von Münster. Er praktizierte sozusagen maximales Social Distancing mit den Scharnierschildkröten. Nicht einmal sehen dürfen die Tiere sich gegenseitig, sonst regen sie sich nur gleich wieder auf. Ihre Aversion gegen alles, was nach Zhous Scharnierschildkröte aussieht, geht sogar so weit, dass sie nicht einmal eine Spiegelung von sich selbst im Glas ertragen. Lediglich zu genau abgepassten, günstigen Momenten rund um die Tagundnachtgleichen sind Schildkrötenmännchen und -weibchen bereit für einen zackigen One-Night-Stand. Die alte Frage, ob man am nächsten Morgen noch zusammen frühstücken soll, hat Zhous Scharnierschildkröte für sich klar beantwortet: bloß nicht! Paaren, auseinander und schnell weg!

Mit dem Allwetterzoo Münster verwirklichte Elmar Meier schließlich eine Zuchtstation für Zhous Scharnierschildkröten und ähnlich ungesellige Verwandte. Mit beachtlichem Erfolg: Rund 100 Jungtiere der vor dem Aussterben stehenden Art sind dort inzwischen aus ihren Eiern geschlüpft.

Insgesamt gibt es weltweit vermutlich nur noch rund 150 Überlebende dieser Schildkröte, die womöglich heute nur noch in Zoos existiert. Das mag den unverbesserlichen Grantlern selbst am Ende sogar entgegenkommen – denn das Risiko, ungewollt plötzlich einem Artgenossen zu begegnen, scheint gebannt zu sein. Andererseits: Wenn Tag und Nacht exakt gleich lang sind, überkommt sie dann doch eine große Sehnsucht. Es wäre ein Jammer, wenn diese seltenen Momente des Wunsches nach Zweisamkeit zukünftig keine Erfüllung mehr fänden. Denn sich immer nur in den eigenen, dicht verschlossenen Panzer zurückziehen – das kann es ja nun auch nicht sein!

Anhang | Das Projekt *Citizen Conservation*

Der Zusammenbruch der Artenvielfalt bedroht uns alle. Viele Arten werden kurz- und mittelfristig nur in menschlicher Obhut eine Überlebenschance haben. Die Kapazitäten der Zoos allein reichen nicht aus, diese gesamtgesellschaftliche Aufgabe zu lösen. Die Einbindung engagierter Privathalter kann helfen, eine relevante Anzahl an Arten in der mindestens erforderlichen Populationsgröße zu erhalten. *Citizen Conservation* baut koordinierte Erhaltungszuchtprojekte in Zusammenarbeit mit Zoos, anderen Institutionen wie Schauaquarien und Schulvivarien sowie Privathaltern auf.

So macht *Citizen Conservation* Bürger zu Artenschützern, leitet an, begeistert, motiviert zur Mitwirkung und bringt die Fachkompetenz aller zusammen, um einen spürbaren Beitrag zum Erhalt der Artenvielfalt zu leisten.

Das Projekt wurde 2018 gegründet vom Verein *Frogs & Friends*, einer Art PR-Agentur für Amphibien, dem *Verband der Zoologischen Gärten* (VdZ) sowie der *Deutschen Gesellschaft für Herpetologie und Terrarienkunde* (DGHT), dem Dachverband von Wissenschaftlern und Naturschützern, die sich speziell mit Amphibien und Reptilien beschäftigen, sowie den Hobbyhaltern solcher Tiere.

Citizen Conservation betreut vor allem Arten, die weniger im öffentlichen Rampenlicht stehen, für die es aber große Fachkompetenzen und Ressourcen bei privaten Haltern gibt. Den Anfang machten die Amphibien. 2021 kamen offiziell Fische hinzu. Auch für einige der in diesem Buch vorgestellten prekären Tierarten baut *Citizen Conservation* Erhaltungszuchten auf, so etwa für den Pátzcuaro-Querzahnmolch, die Mallorca-Geburtshelferkröte oder den Mangarahara-Buntbarsch.

Um die genetische Vielfalt einer Art auch über Jahrzehnte in menschlicher Obhut bewahren zu können, ist es in der Regel sinnvoll, dass ein Bestand von mehreren hundert Tieren, verteilt auf einige Dutzend Haltungen, aufgebaut wird. Daher hängt die Zahl der Arten, die bei *Citizen Conservation* betreut werden können, maßgeblich davon ab, wie viele engagierte Tierhalter mitmachen. Jeder, der die nötige Sachkunde hat, die erforderlichen Einrichtungen zur Haltung der Tiere zur Verfügung stellen kann und bereit ist, sich in der Erhaltungszucht bedrohter Arten ehrenamtlich zu engagieren, ist herzlich eingeladen, mitzumachen. Nähere Informationen dazu und zu allen anderen Aspekten des Projekts finden sich im Internet unter: *www.citizen-conservation.org*.

Citizen Conservation koordiniert diese Erhaltungszuchten auf professioneller Basis, stellt die nötige Infrastruktur bereit, um das Populationsmanagement nach den Erkenntnissen der Zoo-Biologie betreiben zu können, trägt das Fachwissen für eine möglichst optimale Haltung zusammen, sorgt für notwendige veterinärmedizinische Untersuchungen der Tiere und trägt die Botschaft nach außen. Das alles kostet Geld. Je mehr finanziellen Spielraum dieses gemeinnützige Projekt bekommt, desto mehr Arten kann es betreuen.

Alle Autorenhonorare aus dem *Prekären Bestiarium* gehen an *Citizen Conservation*, und auch der Verlag *Galiani Berlin* unterstützt das Projekt mit einem halben Euro je verkauftem Exemplar.

Weitere Spenden (steuerlich absetzbar) aus der Leserschaft des *Bestiariums* sind sehr erwünscht an:

Citizen Conservation
Stichwort: Bestiarium
GLS Gemeinschaftsbank
IBAN: DE79 4306 0967 1173 1722 01
BIC: GENODEM1GLS

Sie haben eine der prekären Bestien besonders ins Herz geschlossen? Dann werden Sie doch zum persönlichen Patron oder zur Patronin eines unserer Geschöpfe und übernehmen oder verschenken Sie eine *Bestiariums*-Patronage – natürlich mit der zugehörigen Vignette Ihres Lieblings aus diesem Buch. Auf der Website *citizen-conservation.org/bestiarium* sehen Sie die verschiedenen

Möglichkeiten. Und wenn Sie Ihre Unterstützung auch nach außen zeigen wollen, führen wir Sie dort namentlich sehr gerne auf.

Wir informieren Sie auch persönlich – schreiben Sie einfach an: *bestiarium@citizen-conservation.org.*

Dank

Zuvorderst gilt unser Dank all jenen Enthusiastinnen und Artenschützern, die sich mit Leib und Seele, beruflich oder aus privatem Engagement, der Rettung auch noch der verschrobensten Tierarten mit den eigentümlichsten Gewohnheiten verschrieben haben – ob sie nun mit Waldrappen über die Alpen fliegen, in der Natur bereits ausgerottete Viktoria-Buntbarsche im Aquarium hätscheln oder Goldene Löwenäffchen vor Dieben beschützen.

Damit ihre Geschichten und die ihrer Schützlinge in dieser Form aufgeschrieben werden konnten, haben uns beim Schreiben der Texte für dieses Buch und den zugehörigen Kreaturen-Podcast eine Reihe von Menschen unterstützt.

Für die Initialzündung von *Citizen Conservation,* seinen unerschöpflichen Einsatz für das Projekt und den Blick aufs große Ganze, ja gar aufs Skalierte, danken wir besonders unserem Mitautor Björn Encke.

Für die Zusammenarbeit bei der Idee und Umsetzung des Kreaturen-Podcasts bedanken wir uns bei Vredeber Albrecht, Susann Knakowske, Jonas Lieberknecht, Marcus Pfeil und Bea Seggering.

Ein ganz besonderer Dank geht an die Vorleser der Texte der ersten 24 Folgen des Kreaturen-Podcasts, die ohne Honorar und ohne großes Federlesen einfach mitgemacht haben, weil ihnen das Ansinnen, hoch bedrohte Tiere mit einigermaßen seltsamen Namen zu retten, sofort plausibel und unterstützenswert schien: Götz Alsmann, Ahne, Bov Bjerg, Sarah Bosetti, Marion Brasch, Horst Evers, Kirsten Fuchs, Astrid Fünderich, Bernd Gieseking, Marian Gold, Tom Hillenbrand, Bernhard Hoëcker, Wladimir

Kaminer, Dota Kehr, Friedrich Küppersbusch, Bettina Lambrecht, Dirk von Lowtzow, Manfred Maurenbrecher, Reinhard Mey, Kathrin Passig, Purple Schulz, Katharina Wackernagel und Bodo Wartke. Der Kreaturen-Podcast geht mit Erscheinen dieses Buches weiter – schon jetzt preisen wir all jene, die in der nächsten Staffel unsere Geschichten vortragen werden.

Fachlich unterstützt haben uns bei den Texten Dag Encke, Andreas Filz, Matt Goetz, Christian Koppitz, Kriton Kunz, Lisbet Siebert-Lang, Mark-Oliver Rödel, Stefan Schomann, Arne Schulze, André Stadler, Toni Wagner, Benjamin Wilden, Roland Wirth und Thomas Ziegler. Merci!

Für einen Ortstermin bei einer ausgesucht eleganten prekären Bestie, dem Okapi, danken wir dem Zoologischen Garten Berlin, für die Fotos dort Susanne Schleyer.

Die wunderbaren Vignetten, die unsere Kreaturen in diesem Bestiarium bildlich im Kopf entstehen lassen, wurden von Lisa Neuhalfen gezaubert. Bedankt!

Und ganz besonderer Dank dafür, dass diese Geschichten überhaupt ein Buch werden konnten, gebührt Wolfgang Hörner und dem Team von Galiani Berlin – ebenso wie für die inspirierende Unterstützung für unsere biodiversen Anliegen.

Autorenverzeichnis

Björn Encke Aye-Aye, Pangolin, Pillendreher, Vaquita
Kathrin Passig Bayerische Kurzohrmaus
Ulrike Sterblich Beo, Blutegel, Deserta-Tarantel, Eisbär, Feldhamster, Goldenes Löwenäffchen, Kalifornischer Kondor, Milu, Okapi, Panzernashorn, Przewalski-Pferd, Schnilch, Spix-Ara, Tasmanischer Beutelteufel, Vancouver-Murmeltier, Vulkankaninchen
Heiko Werning Alfreds Prachtgurami, Amerikanischer Totengräber, Anegada-Wirtelschwanzleguan, Bartgeier, Baumhummer, Biber, Darwinfrosch, Europäischer Stör, Feuersalamander, Mallorca-

Geburtshelferkröte, Mangarahara-Buntbarsch, Nerz, Nimbakröte, Partula-Schnecke, Pátzcuaro-Querzahnmolch, Philippinen-Krokodil, Round-Island-Boa, Schwarzfußiltis, Socorrotaube, Viktoria-Buntbarsch, Visayas-Pustelschwein, Ur, Waldrapp, Wisent, Zhous Scharnierschildkröte

Heiko Werning & Björn Encke Schneeleopard
Heiko Werning & Lisbet Siebert-Lang Wangi-Wangi-Brillenvogel

Register und Schlagwortverzeichnis

Ein prekäres Bestiarium

Ein prekäres Bestiarium